Change & Transform

想改變世界．先改變自己

Change & Transform

想改變世界‧先改變自己

李
文

《商業周刊》1376期推薦｜榮登四大書店年度百大暢銷榜

先傾聽就能說服任何人

贏得認同、化敵為友，想打動誰就打動誰。

Just Listen: Discover the Secret to Getting Through to Absolutely Anyone

從歐普拉到FBI
都在學的人際科學。
狀況再棘手都能立刻輕鬆化解，
救飯碗、救婚姻，甚至救命！

說服的藝術：
不是你準備好要說，
而是讓對方準備好要聽。

暢銷
慶祝版

全美最優心理醫師
馬克・葛斯登 著
Mark Goulston
賴孟怡 譯

趙少康╳黑幼龍╳林萃芬╳裘凱宇 聯合推薦

【新版序】

聽懂眞正的期待

◎裘凱宇

我經常在課堂上提醒學生：「當一個人沒有準備要聽的時候，你說什麼都不對。」傾聽，是溝通之所以可以成立最重要的環節，不然就只是各說各話，各抒己見。最多只能稱之為表達，而非真正的交流。

然而，為何把耳朵打開來這麼困難？為什麼我們以為自己在聽，但其實只是不斷地重複自己想強調的話，根本沒有畫到對方希望我們知道的重點？

因為，我們都太害怕被改變了。

當你擔心知道對方的想法後，就會被說服、就得移動立場，你自然會拼了命的築起一道又一道的圍牆，藉此鞏固自己的意志。

於是兩個需要有交流的人，根本找不到任何一個縫隙能夠形成交集。共識，自然是不可能產生的，到最後就是比誰的拳頭大、權力多、時間長。

但別忘了，一個真正自信的人，並不是透過別人來墊高自己，而是藉由別人的存在來擴展自己。

理解，不等於認同，卻能讓我們有機會更懂這個人背後的動機，進而找到相似的點，從那裡建構出信任與合作。

發現和靠近，不會讓你變成跟對方一樣的人，卻是一起解開糾纏難解問題的第一步。

《先傾聽就能說服任何人》一本看似工具性商業書籍，裡頭卻藏著滿滿對人的尊重和溫暖，無論你的工作是否需要「說服」、「談判」，至少有一個人你必須取得他的合作，才能圓滿你的人生，那就是你自己。

經過五年再出「暢銷慶祝版」，再次閱讀本書，我發現馬克醫生書中所教的技巧，全都可以用到自己身上，如果你不願意傾聽自己，聽不懂自己渴望的語言，又怎能聽懂別人真正的期待呢？

推薦給每一位想要聽懂別人、接納自己的你，閱讀此書，你將有勇氣跨出靠近的第一步！

（本文作者爲溝通心理學家）

【推薦序】

簡單好消化的「行爲改變技術」

◎林萃芬

一邊看《先傾聽就能說服任何人》這本書，我的大腦也一邊忙碌地回顧：碰到同樣的狀況，自己會如何處理應對？幸運的是，我的工作跟本書的作者馬克．葛斯登有很多異曲同工之處，包括專業心理諮商、為企業提供員工心理諮商與輔導協助、寫書以及演講。我發現，作者不僅將心理諮商技巧融會貫通，而且將精華提煉得簡單好消化，即使沒有心理學相關背景的人也能夠透過有效的提問，輕鬆引導別人從抗拒到傾聽、從考慮到願意、從願意到行動，這套「行為改變技術」適合所有需要與人溝通的主管、上班族、父母、夫妻，還有渴望「改變關係」的人，相信都能從這本書中得到意想不到的收穫。

（本文作者爲專業咨詢心理師）

【名人禮讚】

有一次在週末搭飛機時讀完此書，週一便付諸實行，從此成為這套溝通技巧的忠實粉絲。只要有機會，我就會送這本書給美泰集團裡的高階主管，也為孩子們都各買了一本。

——鮑伯．艾克可特 (Bob Eckert)，美泰玩具製造商 (Mattel) 執行長與總裁

很多人不懂得省思，但是從馬克的書，我們學到自省的力量。他教我們省思自我的人際關係，幫助我們在工作與玩樂中更有效率。也許你自認是個有自信、熱情的人，但他人的解讀卻可能是自大又衝動，兩者之間的分歧決定了你是成是敗。馬克的這本重要著作幫助我們消除這些分歧，並且提高我們的自省能力。

——約翰．拜恩 (John Byrne)，《商業周刊》執行編輯

說服別人不僅是怎麼說，還要能讓別人打開耳朵聽，馬克給了「說服」一個新的詮

釋。《先傾聽就能說服任何人》是人生必備的好書，它教會我們懂得傾聽、關懷、指引他人，並使我們更成功圓滿。感謝你，馬克。

——法蘭西絲・賀賽蘋（Frances Hesselbein），彼得・杜拉克基金會創會會長暨董事會主席

我這大半輩子都覺得可以用「說」的解決任何問題或是打進任何團體，《先傾聽就能說服任何人》教會我用傾聽把自己提升到另一個層次。這是一本經典之作，所有企業領導人都必讀。

——傑森・卡拉坎尼斯（Jason Calacanis），網路創業家、Mahalo 執行長

想要學習成功事業與人生最重要的祕訣嗎？那就趕緊翻開《先傾聽就能說服任何人》。馬克所教授的技巧既簡單又容易上手，卻有無窮的威力，執行成效絕對會讓你大吃一驚。

——艾文・明斯挪（Ivan R. Misner）博士，BNI 創始人暨董事會主席、《52 週的人脈計畫》作者

現今的科技發展令人嘆為觀止，人們很容易忽視人與人之間真正的連結。馬克的建議簡單易懂，幫助讀者在工作上建立受用的人脈；在私生活也能與家人、朋友更親近。本書兼顧了大腦如何運作以及如克服有效溝通的障礙，讀完會迫不及待想要試試馬克的建議。二話不多說：趕緊翻開書來讀吧！

——湯姆．奈爾森（Tom Nelson），美國退休協會執行長

我們處在一個人人都急欲表達的年代，然而成功的祕密則在於傾聽。不是每個傑出的領導人都有好口才，但是他們全都懂得傾聽的藝術。在本書，馬克道破了傾聽的真正祕密。《先傾聽就能說服任何人》在下一個十年將會是企業界甚至其他領域中最具影響力的一本書。

——安卓亞斯．沙爾赫博士（Andreas Salcher），卡爾波普爾爵士學校共同創辦人、《聰明小孩與他的敵人》（*The Talented Kid and His Enemies*）與《受傷的人》（*The Wounded Human*）作者

獻給華倫．班尼斯（Warren Bennis），你是我的人生導師、摯友，更是靈感來源。傾聽出人們潛藏的真實想法，付出關懷，他們就比較容易接納你、受你引導。這就是從您身上學到的至理。

＊＊＊

細懷

「仔細傾聽，幾乎都可聽出人們語帶傷痛、恐懼或是希望、夢想；當對方知道你用心聆聽並能感同身受，就會卸下防衛，對你敞開心房。」

——自殺學之父愛德溫．史耐曼（Edwin Shneidman），
自殺預防領域的先驅，洛杉磯自殺防治中心創辦人，也是我敬愛的恩師與益友

＊＊＊

獻給讀者，我將會把這些重要的功課傳承給你們。

CONTENTS ❤ 目錄

很多經理人、執行長與業務員常會告訴我：「在跟某某人講話的時候，很想拿頭去撞牆。」

我總是會勸他們：「別急著一頭撞下去，先摸摸看哪塊磚頭比較鬆。」找出那塊鬆動的磚頭，正是對方希望你所能做到的，如此，橫在你們之間的牆才能消弭於無形，以壓根沒想過卻行得通的方式來跟對方溝通。

說到這兒，我就想聊聊我的朋友暨同事馬克．葛斯登，他有一種近乎魔法的能力可以說服任何人，不論面對的是企業執行長、經理人、客戶、病患、彼此針鋒相對的親人，甚至是綁匪，因為他總是可以先找出那塊鬆動的磚頭。他在說服人方面是個天才，再難溝通的人也能降服，讀讀這本書，你就會知道他是怎麼辦到的。

我和馬克的結識起源於他的兩本書：《擺脫自我慣性》(*Get Out of Your Own Way*)與《在工作上擺脫自我慣性》(*Get Out of Your Own Way at Work*)，他的書、他的作品，更重要的是他這個人讓我印象深刻，於是我說服他在事業上一起合作。他現在是法拉利綠訊顧問公司 (Ferrazzi Greenlight) 的意見領導人，也是深受信服的顧問。在近距離見識他的工作實況之後，我終於能理解為何只要馬克談論起「說服別人」的方法，從ＦＢＩ幹員到歐普拉都會洗耳恭聽，因為他教的技巧就跟聽起來一樣簡單，而且真的管用！

別被馬克的心理醫生頭銜給嚇到，他是我在商場上所遇過最優秀的溝通專家，不論是在彼此扞格的辦公室、無法取回客戶訂單的業務團隊，還是士氣與生產力雙低的團體，只要有他就能搞定，而且方式快速又雙贏，每個人都能從中得利。

如果你也想具備這等本事，馬克就是你拜師的不二人選。他很聰明、幽默，為人善良，又善於鼓舞人心；說起故事時，不論談到的是節日時不請自來的客人，還是辛普森殺妻案的辯護律師李貝利，[1]都能讓聽者聽得入迷，潛移默化中改變自己的人生。盡情讀這本書吧，然後用這些有如神助的新上手技巧，把生命中那些難搞、不可理喻的人收服成你的盟友，成為你的忠實客戶、忠誠的工作夥伴，甚至是一輩子的至交好友！

啓思・法拉利（Keith Ferrazzi）

1. F. Lee Bailey，以盤詰技巧高超聞名的名律師。

第一部

如何說服任何人大揭祕

有些人很幸運，似乎有種魔力可以說服別人遵循他們的計畫、目標或是欲望；其實，說服別人不是魔法，而是一種藝術，也稱得上是門科學，而且比你想的要簡單許多。

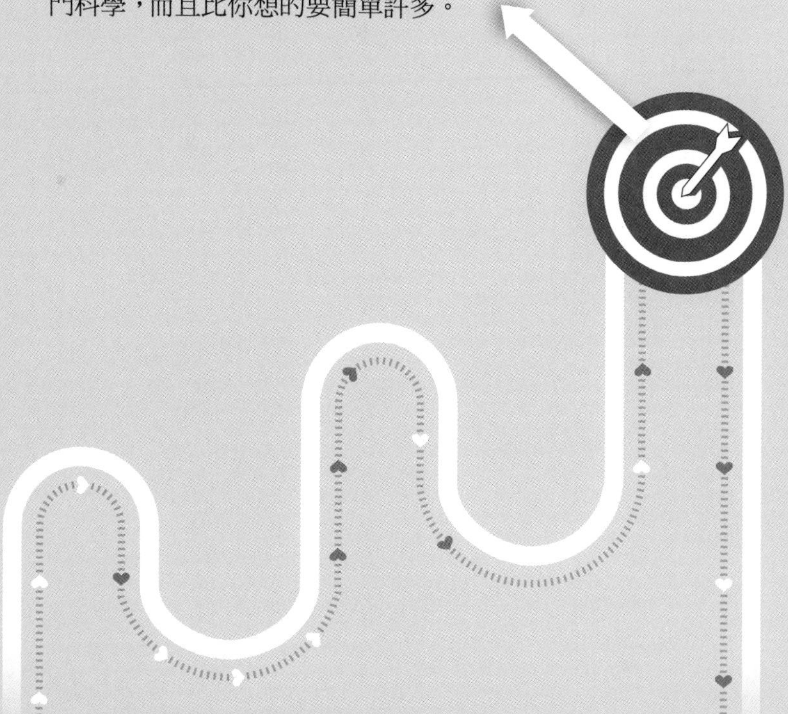

第1章

誰在綁架你？

好的管理可以讓問題本身變成好玩的事，
而且讓解決方法建設性十足，
吸引每個人都想要來工作、來處理這些問題。
這樣的管理是門藝術。

——保羅．霍肯（Paul Hawken），《綠色資本主義》（*Natural Capitalism*）作者

此刻，在你的生活中是否有個你需要溝通卻溝通撞壁的人，讓你快抓狂？他可能是公司裡的下屬、同事、客戶，或是老闆本尊；也可能是家裡頭的另一半、老爸老媽、叛逆的青春期子女，或是正在氣頭上的前夫前妻。

你試遍了所有方法，理性溝通也好，說服、脅迫、發飆也罷，甚至是幾近哀求，

種種的努力都像是撞牆，碰了一鼻子灰。你開始生氣、害怕，甚至是喪氣，並思索著：「那接下來還要怎樣？」

請照著我的方法做，把陷於此狀態中的你視爲遭到綁架的人質。爲什麼呢？因爲你不自由，你被另一個人用抗拒、害怕、敵意、冷漠、固執、依賴或是過於自我的態度所綁架，也被自己無法採取有效作爲的無力感所挾持。

這正是我能幫上忙的地方。

我很平凡，身兼老公、老爸和醫生三種身分，但是在很久之前，我就發現自己有一種很特別的天賦，那就是不管置身在哪種情境，都有辦法說動別人。我可以說服目中無人的主管、暴躁的員工，或是讓不停內耗的管理團隊攜手合作，共同找出解決之道。我也有辦法勸導整個已經是一團亂的家庭，或是恨對方入骨的夫妻言歸於好。甚至可以讓綁匪與絕望到想自殺的人回心轉意。

我不確定自己的做法是在哪一點和別人不同，但這一套還眞的奏效。我不比別人聰明，但我知道這樣幾乎百發百中並非僥倖，因爲這套方法每次用都有效，在任何情境、對任何人都管用。爲什麼呢？

在分析自己的做法之後，我找到了答案，我用的是一套簡單又快速的技巧，有些是我自己發掘出來的，有些則是取經於師長、同事身上，整合下來就產生了極強的磁吸力。可以把別人拉近到我身邊，即便他們原本想背道而馳。

換個方式也許比較好理解：想像你正要開車上陡坡，輪胎不斷打滑、無法穩穩地抓住地面，此時切換至低速檔，車子就可以控制得比較好，我的方法跟利用換檔來讓路面穩定住車子的道理是一樣的。

多數人在想要說服別人時，都會切換至高速檔，用力說服、鼓吹、爭論、甚至還強迫推銷，但在這樣的過程中，對方的反應一定是抗拒。換用我提供的技巧，效果則會完全不同，**先傾聽、提問、展現同理心，再將所聽到的訊息複述給對方**。這樣一來，對方會覺得受重視、被了解，認爲自己的感受有人能體會。如此出其不意地「切換至低速檔」反而能將對方拉到跟你站在同一陣線。

各位在書中學到的技巧可以讓你在瞬間不費吹灰之力就說服別人，在短短幾分鐘內就能使一個人從說「不要」變成說「好」。我每天都在用這一套方法修補破碎的家庭、協助吵吵鬧鬧的怨偶重修舊好；用它來拯救岌岌可危的公司、說服長期互鬥的經理人開始攜手合作，並激勵業務團隊完成「不可能」的業績。甚至用這套技巧協助FBI幹員和人質談判專家在生死一瞬間的危機中成功完成使命。

說起來，當你必須說服一個拒絕聽你說話的人，你的處境就和人質談判專家相去不遠矣，這也是爲什麼接下來要用法蘭克的故事開場。

法蘭克把車停在大型購物商場的停車場，靜靜坐在裡頭，但是沒人敢上前一步，因為他正把槍抵著自己的喉頭。警方派出特警部隊與人質談判小組火速趕到現場，特警部隊抵達後先待在所有車輛後方待命，避免引起法蘭克的焦慮。

在等待的同時，他們迅速掌握了法蘭克的背景資料。他年紀三十初頭，六個月前因為對著顧客與同事失控咆哮，因而丟掉了在一間大型 3C 賣場的客服工作。之後面試幾個工作皆一無所獲，經常在家中辱罵老婆孩子。

一個月前，老婆帶著兩個小孩搬回到另一個城市的娘家，她告訴法蘭克，她需要喘息的空間並希望他盡快振作起來。房東因為他欠繳房租把他趕了出去。他搬到城裡的貧民區，住進一間破舊小套房裡，不洗澡、不刮鬍子，也幾乎不吃東西。壓垮駱駝的最後一根稻草，則是他現身在停車場前一天所收到的法院禁令。

現在，負責談判的專家正用和緩的語氣對著他喊話：「法蘭克，我是伊凡斯中尉，我想和你聊聊，其實除了傷害自己之外，你還有別的方式可以解決問題。我知道你一定覺得自己走投無路，但事實上不是這樣的。」

法蘭克回道：「你知道個鬼，你跟其他人沒什麼兩樣，你滾！」

伊凡斯中尉接著說：「我沒辦法放著你不管，你在停車場裡用槍抵著自己的脖子，我要幫你找到別的解決方法。」

「去吃屎吧？不用你多管閒事！」

這場對話持續了約莫一個鐘頭，中間數度出現長達幾分鐘的沉默。隨著警方取得法蘭克的背景資料愈來愈多，他們了解到他不是個惡棍，只是個倒楣又對此忿忿不平的男人。特警部隊已有準備在法蘭克用槍危及其他人的安危時「解決掉他」，但大家還是希望此事能夠和平落幕，只是目前看來有點難。

過了一個半鐘頭後，另一位談判專家克拉莫探員抵達現場。他上過我在警方與FBI所教授的人質談判訓練課程。

克拉莫探員在聽取法蘭克的背景與交涉情況的簡報後，給了伊凡斯中尉一個不同的建議：「我建議你可以跟他說：『我敢打賭，你一定覺得沒有人可以理解在盡了全力卻還是卡在像現在這樣的死胡同裡是什麼滋味，對吧？』」

伊凡斯不解：「啥，你說什麼？」

克拉莫重述了一次建議：「沒錯，就是這樣對他說：『我敢打賭，你一定覺得沒有人可以理解在盡了全力卻還是卡在像現在這樣的死胡同裡是什麼滋味，對吧？』」

伊凡斯遵照建議，在對著法蘭克說完之後，法蘭克的反應和自己先前的回應如出一轍，他也說：「啥，你說什麼？」

伊凡斯把話重複了一次，這次得到的回答是：「沒錯，沒有人理解，誰會管我的死活！」

克拉莫告訴伊凡斯：「很好，你得到一個肯定的回應。溝通有了起點，我們再接再厲。」他請伊凡斯接著問第二個問題：「是啊，而且我敢打賭，你一定也覺得沒有人可以理解每天衰事纏身、好事都沒份是什麼感覺，對吧？」

法蘭克回應道：「沒錯，他媽的每一天！衰事一直來。」

克拉莫請伊凡斯複述他所聽到的之外，再加上一點肯定：「因為沒有人理解這感覺有多糟，沒有人在乎；也因為沒有事情順你的意，衰事一直來，你才會坐在車裡想用槍了結一切，對吧？」

「沒錯！」法蘭克答道，聲音開始流露出平靜的跡象。

「再多說一點，你的生活原本也還過得去，怎麼會開始大崩盤？」伊凡斯誘導他。

法蘭克開始細數他被開除之後的種種。

只要他停了下來，伊凡斯都會回應：「真的嗎……然後呢？」

法蘭克繼續講述自己的問題，克拉莫則從旁指點伊凡斯提問：「這一切讓你覺得憤怒？沮喪？灰心？還是絕望？你真正的感覺是什麼？」伊凡斯等著法蘭克挑出最貼近他的感覺的字眼。

法蘭克終於描述出來：「我受夠了。」

伊凡斯接著說：「你覺得受夠了，所以在收到法院禁令之後，你就爆發了？」

「沒錯。」法蘭克同意，先前滿懷敵意的聲音已經平和許多。

只不過幾個問題，法蘭克就從拒絕溝通轉變成願意聆聽並且開始對話。這是如何辦到？這是因爲說服別人中最關鍵的一步開始發酵了，我將此步驟稱之爲「贏得認同」(buy-in)，正是這一步促成法蘭克的轉變。

那到底是什麼使法蘭克願意聆聽並且「認同」伊凡斯的話？這個轉變不是平白無故發生的，**祕訣就在說出法蘭克心中所想卻未說出口的話**。只要伊凡斯能說中法蘭克的心思，法蘭克就會願意溝通並開始說出：「沒錯」。

說服週期 (Persuasion Cycle)

你大概不覺得自己會像人質談判專家遇上這麼棘手的情況，不過請想想你在一天之中需要說服哪些人？

答案是：幾乎所有你遇見的人！**所有的溝通幾乎都是在打動對方做些他們原本沒打算做的事**，也許是想賣東西給對方，想讓他們講道理，又或許是想讓對方留下好印象，認爲你可以勝任某個職位、值得受拔擢、或是當個理想的另一半。

困難點在於每個人的需求、欲望和目標都不一致，別人有不爲你所知的祕密，他很忙壓力又大，一整個心力交瘁。因著這樣的壓力與不安，他築起一層又一層的心理屏障，即便你們有著共同的目標，說服對方也誠非易事。萬一他對你心存敵意，想打動他就更是個不可能的任務了。

如果你想靠著說道理、舉實例來

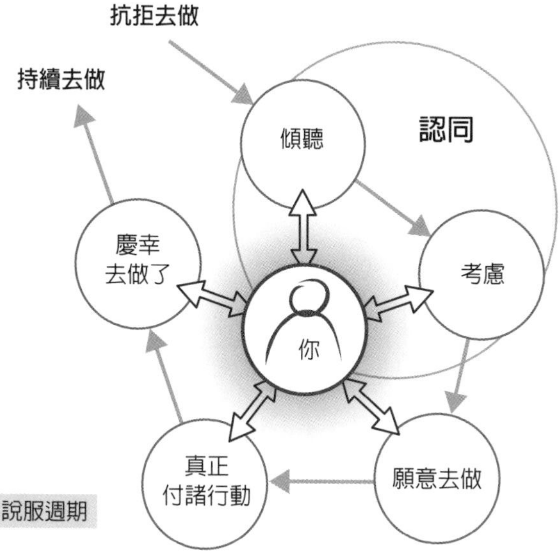

圖 1-1 說服週期

說服這些武裝起來的人，或是訴諸辯論、鼓吹、哀求的方式，然後期望自己能打動對方，通常會鎩羽而歸，還一頭霧水地不明所以（你是不是常在競標提案、公司會議結束，或是跟另一半和小孩爭吵後，搖著頭納悶：剛才是怎麼一回事？）

所幸只要變個方法，你就可以說服別人。我在這本書教授的技巧，對面臨危急事件的人質談判專家有用，如果你需要說服的是老闆、同事、客戶、情人、甚至是叛逆的青少年，對你同樣有助益，而且很簡單又快速，極短時間內就可以成功見效。

這些技巧之所以好用是因爲奠基在有效溝通的核心，我稱之爲「說服週期」（見前頁圖 1-1）。在研擬說服週期的過程中，詹姆斯．波羅恰斯卡 (James Prochaska) 與卡羅．迪可蘭門特 (Carlo DiClemente) 的《跨理論模式》(*Transtheoretical Model of Change*)、以及威廉．米勒 (William R. Miller) 與史蒂芬．羅尼克 (Stephen Rollnick) 的《動機式訪談》(*Motivational Interviewing*)，這兩本創新作品裡頭的想法給了我許多啓發。

所有的「說服」都得通過說服週期的每一個階段，要帶領人們從開頭走到尾端，你必須用可以打動對方的方式跟他們說話：

- 從抗拒到傾聽
- 從傾聽到考慮

- 從考慮到願意去做
- 從願意去做到眞正付諸行動
- 從付諸行動到慶幸做了這件事，並且持續去做。

「如何打動任何人」是這本書的目標，也是我給讀者的承諾，要達到此目的的祕訣則是要能夠贏得認同，這會發生在對方從抗拒轉變爲願意傾聽，進而開始考慮你所說的話時。

有趣的是，要贏得認同並帶領對方走完剩下的週期，**關鍵不在於你告訴他什麼，而是你能夠讓他告訴你什麼**，以及在這過程中，對方心裡所產生的微妙變化。

在接下來的章節，我會提出九大基本原則與十二個速效技巧，幫助你推動對方走完說服週期的每個階段，熟練這些原則和技巧，不管是在職場上或是私生活中，只要需要時都能派上用場。這些和我傳授給ＦＢＩ幹員和人質談判專家的內容一模一樣，你將學會用建立同理心、減少對立並贏得認同來達到你希望的結果。你不用再被另一個人綁架，不論他對你表達憤怒、恐懼、冷漠，或是心中暗藏其他的目的，你將有本事把這種劣勢扭轉爲優勢。

閱讀本書時，你會發現任何情況的解決方法都不是唯一一種，這是因爲人儘管在很多層面都有共通處，但卻各有各的一套處世之道。第二部列舉的原則放諸四海皆準，至於第三與第四部所教授的技巧，各位可依自己的性格與生活環境挑選合適的來用。

天大的祕密：打動別人一點都不難

各位要學的東西跟魔術扯不上邊，但你即將發掘的一個重大祕密是：打動別人比你想的要簡單。爲了證明這一點，我要和各位說說一家公司的執行長大衛的故事，他使用我教授的技巧成功扭轉職涯，同時挽救家庭免於分崩離析。

大衛的辦事能力很強，但同時也很霸道兼獨裁，公司技術部門主管辭職的理由是雖然喜歡這份工作，但是無法與執行長共事，員工們也因經常性挨罵而刻意表現差一點來報復。許多投資人發現他的性格粗暴又高傲，決定不再將資金投入這家公司。

董事會打電話給我，希望我能改變大衛，在和他碰面後，我很懷疑自己能否勝任，勢必需要下番工夫才能達成使命。

在和大衛討論他的管理風格時，我一時興起問了他：「你的這套作風在家裡行得通嗎？」

他說：「你這樣問真有趣。」我追問他為什麼，他回答：「我孩子十五歲，很聰明但懶惰到不行，我完全拿他沒輒。他在校成績很差，我太太一樣很寵他。我很愛我的小孩，但對他真的很感冒。我們讓他接受專業的評估，結果顯示他有注意力不足的學習障礙，老師們很想幫助他，但他就是無法完全遵照他們的指示。他是個好孩子，只是我不知該拿他如何是好。」

我憑直覺教了大衛一些簡單的溝通技巧，要他在公司和家裡試試看，然後約定一週後再碰面，但不過隔了三天就接到他的簡訊：「葛斯登醫生，請儘速回電給我，有事想和您談。」

我心想著：「不妙，該不會發生什麼事吧？」接著回了電給他，沒料到電話那頭傳來的竟是雀躍的聲音。

「醫生，你是我的恩人。」

「怎麼了？」我問，他回答：「我照著你說的做了。」

「是指跟董事會和員工嗎？你是怎麼……」

他打斷我：「不是，我還沒和他們談，是我兒子。我回家後就到他房間說想和他聊聊。我對他說：『你一定覺得我們都不懂，一直被說很聰明卻沒辦法有好表現是什麼感覺，對吧？』他的眼睛竟然開始泛淚，正如醫生你所預料的。」

大衛繼續說：「我問了你建議的第二個問題：『你有時候一定希望自己沒有那麼聰明，這樣大家就不會對你有過高的期望，責怪你不夠努力，對吧？』他開始哭了出來……我眼睛也忍不住紅了：『你一定很不好受吧？』」

大衛哽咽地接著說：「他在家很少開口，他回答說：『愈來愈不好受，我不知道還能承受多久，我一直讓大家失望，每次都是。』」

大衛告訴我這時他已經跟著哭了起來，他問兒子：「你怎麼都不說？」大衛用沉痛的聲音繼續說道：「兒子突然不哭了，用帶著憤怒與憎恨的眼神看著我，這樣的情緒一定已經累積多年，他回說：『因為你根本不想知道。』這真是一針見血。」

我問：「那你怎麼回應？」

大衛說：「我不能讓他獨自面對問題，所以跟他說：『我們一起來解決問題，我會帶著電腦和工作到你床上陪你寫功課，在你這麼難受的時候不會讓你落單。』我們這麼做已經持續幾天，情況真的開始好轉。」

他停了一會兒，接著說：「醫生，你改變了我的人生，我要怎麼報答你。」

我回道：「那就用你對待兒子的方法來對待公司的人吧。」

「什麼意思？」他問。

「你讓兒子敞開心房，」我說：「他就會吐露你所不知道的真相，而你也把情況處理得相當好，值得讚許。另外從董事會到管理團隊這一大票的人，他們看待你的方式跟你兒子如出一轍，同樣需要把他們的沮喪傾倒出來。」

於是大衛召開了兩個會議，一個跟董事會，一個跟他的管理團隊。他在兩個會議裡說了同樣的話，先是很嚴肅地開場：「我必須告訴你們，我真的非常失望。」語畢，大夥都正襟危坐準備好挨一頓訓話。他卻接著說：「我是對自己很失望，你們這麼善意地想要拯救公司與我，免於毀在我的手上，我卻只是一味地責罵大家而不聽取建言。以前我不想聽，但現在會開始打開耳朵聽。」

大衛跟大夥分享了兒子的故事，然後以下面的話做總結：「我請大家再給我一次機會，我們一定可以並肩解決問題，只要你們願意再提出建言，我會用心聆聽，並在你們的協助之下找到落實這些點子的方法。」

董事會與管理團隊的成員不僅決定再給大衛一次機會，還起立為他鼓掌。

我們可以從這個故事中學到什麼？那就是**適當的用字遣詞具有極大的療癒效果**，在大衛的例子中，不過幾百個字就足以拯救他的事業、公司還有父子關係。

此外，在本章的兩個故事中，我們可以看到克拉莫探員與大衛運用了相同的技巧來達成不同的目的。克拉莫探員讓法蘭克不再執意自殺；大衛則是讓自己免於被公司開除，並修補了家庭的裂縫。這些以及各位即將在本書中學到的其他技巧，威力就在於幾乎對任何情境下的任何人都能奏效。

爲何這一套溝通技巧會有萬用的神效？這是因爲即使我們的人生與所面臨的困境不同，人類大腦的運作方式卻大同小異。下一章我們就很快來看看心智爲何會「認同」與「抗拒」(buy-out)，以及爲何要說服一個不可理喻的人祕訣就在於能夠與他的大腦對話。

第2章

微科學：大腦如何從說「不」變成說「好」

人與人對談時會發生什麼事？
這是最根本的問題，因為所有的說服都從這裡開始。

——麥爾坎・葛拉威爾（Malcolm Gladwell），《引爆趨勢》作者

我是個醫生，理所當然會用醫生的方式思考，所以這一章的最早版本納入了許多大腦的構造圖，以及關於大腦如何運作的討論。完成後，我請編輯愛倫過目，心想她會讚嘆：「太棒了。」

愛倫快速瀏覽這些關於大腦的篇章段落後，回應得不失鏗鏘有力：「爛透了。」

我可以理解她爲何這麼看，讀這本書的人不會在乎神經元與神經傳導的方式，或

是灰白質如何作用，他們想要知道的是要如何打動別人，而不是這個過程中的大腦運作方式。

不過，如果你能稍稍了解大腦如何從抗拒轉變爲認同，對你還是大有好處，因爲不管想傳達的是什麼訊息，你需要溝通的對象是大腦。所以，在對人質談判專家、公司執行長、經理人、父母、以及任何需要說服難搞對象的人授課時，我都會淺談一下大腦的科學。

我當然也採納了愛倫的明智建議，大刀闊斧刪去第一版中的許多內容，捨棄大腦構造圖與枯燥的解剖學理論。那剩下來的是什麼呢？三個重要的觀念：① 大腦的三部位、② 杏仁核劫持 (amygdala hijack) 與 ③ 鏡像神經元 (mirror neuron)。理解這三點，你就有能力在說服別人時看穿其大腦的微妙變化。這些大腦科學的一二三就是你在說服別人時所需要知道的百分百。

大腦的三部分

你有幾個大腦？這個問題有陷阱，因爲答案（大學修過生物學的人應該都知道）不是一個，而是三個。

大腦歷經數百萬年的演化可分爲三層：原始的爬行動物層、比較進化的哺乳動物層，以及最晚期的靈長類動物層。三個腦相互連結，但實際的運作方式比較常是各自獨立，甚至彼此拉鋸。三層大腦的運作模式如下：

- 最底層的爬行動物腦 (reptilian brain) 是屬於「或戰或逃」的部位，這一區塊的大腦不會多想，只管作出動作與反應。但在你察覺危險時也可能要你僵在原地不動，就如同汽車頭燈前的鹿 (deer-in-the-headlights)，因爲驚嚇過度而無法作出反應。
- 中層的哺乳動物腦 (mammal brain) 則是情感的源生處（你可以把它視爲頭殼內很愛小題大作的那位皇后，inner drama queen），諸如愛情、喜悅、難過、憤怒、悲傷、嫉妒、歡愉等強烈的情緒，都是發跡於此。
- 最上層的靈長類動物腦 (primate brain) 就如同《星際爭霸戰》中的史巴克，會用邏輯與理性來權衡情勢，然後擬出行動計畫。這個大腦會蒐集來自另外兩個大腦的資訊，加以轉化分析，然後作出實際、理智與合乎道德的決定。

在人類的演化過程中，新生的大腦層並沒有取代舊大腦層，而是像樹木的年輪一樣，新生區域疊在舊有的上頭。中層在下層上方；上層位於中層上頭。三者都有能力影響你每日的所思與所爲。

這三層大腦在小範圍內會互相合作；然而，更常各自爲政，尤其是處於壓力之下時，爬行動物或是哺乳動物大腦會跳出來掌權，而主掌思考的大腦則退居幕後，我們也就會跟著切換至原始腦的運作模式。

那，這跟說服別人又有何關係？這一點都不難理解，**當你想要說服別人，你需要溝通的對象自然是對方的理性大腦**，而不是其他的阿貓阿狗。如果對方正處在氣頭上，他很煩躁或是感覺受到威脅，你的麻煩就大了，處於此種狀態的人，上層的理性大腦無法發號施令。所以說，如果你的老闆、客戶、另一半或是孩子正由低層或中層大腦在主掌，要與他們溝通無異於對牛彈琴。

此種情況下溝通要想成功，就必須能用一張嘴把對方的大腦從爬行動物、哺乳動物提升至人類等級，稍後會教大家怎麼做到。現在，我們先來瞧瞧爲何原始大腦能夠反轉歷經幾世紀的演化再度掌權，關鍵就在於大腦中的一個部位：杏仁核。

杏仁核劫持與理性思維的失能

杏仁核深埋在大腦裡的一個小區塊，只要察覺到威脅就會立即啓動，像是身處在幽暗的停車場有陌生人向你逼近時。但威脅不限於肢體衝突的形式，言語挑撥、財務危機、或是顏面可能無光的時候，都會讓杏仁核處於備戰狀態。

大腦的額葉皮質掌管理性思維，在感受到威脅時會響起警報，這個位於較上層的大腦區塊會試圖分析威脅，問題在於不是每回都能有寬裕的時間這麼做。因此，大腦賦與了杏仁核切換開關的權力，看是要把所接收到的神經衝動 (impulse) 導向、或是偏離額葉皮質。

有時候當你極度驚恐，杏仁核會立刻關掉上層大腦，使你以本能反應來行動，但通常杏仁核會先權衡局勢再採取下一步。要了解這個過程，可以把杏仁核想像成一個裝滿水置於爐子上煮的鍋具，小火慢滾，水可以持續幾個小時緩緩冒泡；轉成大火，水最後就會像火山爆發一樣滾出鍋外。只要杏仁核一直處於緩緩冒泡而不是大滾的狀態，你就能與上層大腦保持聯繫，也就有辦法放慢腳步、思考、分析可能的選項，再作出明智的決定。但若是杏仁核達到沸騰狀態，此一聯繫就會旋即告終。

我們把這個沸騰而溢出的點稱爲「杏仁核劫持」，是由心理學家丹尼爾・高曼 (Daniel Goleman) 提出，「情緒智商」(EQ) 一詞也是由他所創。「劫持」這個詞相當貼切，因爲在那當下，額葉皮質這個大腦理性又明智的飛行員（請容許我暫時帶進另一個比喻）無法操控飛機，此時坐在駕駛艙內的是低層的爬行動物腦。推理能力急速下墜，工作記憶 (working memory) 無法正常存取，[1]壓力荷爾蒙在體內噴發。腎上腺素高漲使你在接下來的幾分鐘內無法好好思考，或許需要數小時才有辦法回復常態。高曼無疑對此概念知之甚詳，因爲當杏仁核遭到劫持，情緒智商是會被拋到九霄雲外的。

所以說，要用事實舉證和講理的方法跟杏仁核遭劫的人溝通，是在浪費時間。在杏仁核達到沸點之前著手干預，才有可能讓對方的上層大腦繼續發號施令（這就好比是在煮水時往裡頭加鹽巴，提高水的沸點，如此一來水就能容納更多的熱能並維持在緩緩冒泡的狀態）。

我之後要教各位的溝通技巧，不論對方是在氣頭上、惶恐不安或是心生抗拒，重點都在於避免他們的杏仁核遭劫，如果能做到這點，你就得以跟靈長類的大腦層對話，你說的話也才能被聽進去。

在避免杏仁核遭劫方面，傑出的高爾夫球手老虎・伍茲的老爹厄爾 (Earl Woods) 稱得上是個專家。他是世上最好的老爹，而且毫無疑問是最棒的教練。

打過高爾夫球的人都知道，球要打得好，心理素質是一大因素。大部分球手神經緊繃時，杏仁核就會開始沸騰，球技無法正常發揮，但老虎·伍茲是個例外，瞧瞧他處於壓力之下時的模樣，你就會發現他沒有顯得焦慮不安，反倒是更加堅定與專注。其他的球手則經常被壓力擊垮，焦躁而導致表現失常。

不過，即便是老虎·伍茲，在狀況不好時杏仁核同樣會出槌遭劫。我最愛拿下面的故事來舉例：一九九七年，老虎·伍茲首度以職業選手身分參加美國名人賽，第一輪的九洞成績為四十桿，他（和他的大腦）開始亂了陣腳，慌張地走向老爹說：「我不知道自己怎麼了？」

老爹靜靜地直視他的眼睛一會兒，說道：「你以前也遇過這種狀況，做你該做的事就好。」

就從這神奇的瞬間開始，老虎·伍茲不僅重新振作，更以十二桿之差奪下名人賽冠軍，低於標準桿十八桿，這兩項紀錄至今無人能夠打破。老爹在適當的時間點所說的簡單幾句話，就讓杏仁核免於遭劫，在史上最偉大的球賽勝利中成功扭轉了一個潛

1. 工作記憶是用來儲存和提取短期記憶的訊息，以利長期記憶的運作。以教學面為例，可以利用複習、記憶口訣等方式，來幫助已吸收的資訊在短期記憶中保存，並保持活躍。

在的災難。

鏡像神經元

同事被紙割傷手指，你會倒抽一口氣覺得「哎唷，好痛」；電影裡的英雄抱得美人歸，你也會開心歡呼。彷彿在這些瞬間你也經歷了相同的遭遇，嗯，在某種程度上的確是可以這麼說！

幾年前，有科學家專門在研究獼猴前額葉皮層的某種神經細胞，他們發現在獼猴丟球或是吃香蕉時，這群細胞會開始作用。更新奇的是當獼猴看到其他猴子這麼做時，這群細胞同樣會起作用。換句話說，甲猴子看見乙猴子丟球時，牠的大腦會作出如同是自己在丟球的反應。

科學家一開始將這些細胞取名為「有猴樣學猴樣」神經元（"monkey see, monkey do" neurons），之後才更名為「鏡像神經元」，因為這些細胞使獼猴的心智能夠倒映出另一隻猴子的動作。

新名稱精確多了，我們發現人類正如同獼猴一樣，有著可以像鏡子一樣作用的神經元。事實上，科學家認為這些神奇的細胞就是人類之所以有同理心的根基。這些神經元將我們帶進別人的心裡，我們暫時得以感同身受。二〇〇七年《前端》(*Edge*) 雜誌有一篇文章名爲〈自我意識的神經內科〉(The Neurology of Self-Awareness)，鏡像神經元的研究先驅拉馬錢德蘭 (V.S. Ramachandran) 評論道：「我把這些細胞稱爲『同理心神經元』或是『達賴喇嘛神經元』，因爲它可以消弭人我之間的藩籬。」

簡單來說，這些細胞是自然界要人類彼此關懷的一種證明。不過從另一個角度來看鏡像神經元，就會有新的問題值得思考：爲什麼有人表達善意時，我們會紅了眼睛？爲什麼覺得能夠被了解，心頭會有股暖意？又爲什麼簡單一句「你還好嗎」，我們就會深受感動？

我的理論，再加上我的臨床研究佐證，我認爲我們不停地在倒映這個世界，順從它的需求，想要贏得關愛與認可。每當我們這麼做時，都會渴望得到同等的倒映，如果無法被滿足，就會產生一種我稱之爲「鏡像神經元受體不滿足」(mirror neuron receptor deficit) 的現象。

在現今的世界，不難理解這樣的不滿足會加劇變成深切的痛。許多我接觸過的企業執行長、經理人、失和夫妻和憂鬱症患者，經常覺得自己盡了一切努力，但日復一日得到的只是旁人的漠不關心甚至敵意，最慘的則是完全被忽視。這樣的不滿足可以說明爲何當我們的傷痛能夠被體會，成功可以獲得認可時，內心會如此澎湃。這也是爲什麼我教給各位的許多技巧，都要你能夠展現同理心，即便你並不一定認同對方的感受。

舉一個我在執業過程中遇到的實例，可以充分展現這個方法的威力有多強大。傑克幾年前來找我求診，他非常聰明，有偏執的傾向，在我之前已經看過四個心理醫生。

「醫生，在開始之前我要先告訴你，」傑克開門見山就說：「樓上鄰居整晚不停發出噪音，我快抓狂了。」他在這麼說的同時還歪嘴笑著，顯得有些詭異。

「那一定很難受喔。」我同情地說。

他露出帶點邪氣的笑容，像是用陷阱抓到了我一樣：「喔，忘了告訴你，我住在我們那棟的頂樓，而且沒有通道可以上屋頂。」然後嘻嘻笑地看著我，像是故意要戲弄我一樣。

我自忖：「我可以回應『那又如何？』來挑釁他；或是『再多說一些』，讓他進一步描述自己的騙局；也可以說『你一定覺得聲音聽來很真實，但心裡有數並非如此』……，但這些話先前的四位心理醫生大概都已經說過。」

我自問：「對我更重要的是什麼？保持冷靜、客觀與專業，幫他再做一次其他醫生已做過的真假分辨測試；或者試著幫助他，即便這意謂著必須背離現實。」

我打算採行後者，在下定決心後，放下我明知何者為真的事實，用真誠的口吻對他說：「傑克，我相信你。」

話一出，他看著我，停頓了好一會兒，更令人訝異的是他放聲哭了起來，哭聲像是半夜裡飢腸轆轆的野貓。我心想自己好像扯到了毛線頭，但也開始懷疑自己的決定是否正確，但還是讓他盡情哭個夠。幾分鐘之後哭聲漸小，聽起來像是人聲而不再是野貓喵喵叫了。最後傑克終於止住哭泣，用袖子擦掉淚水，抽了張衛生紙擤掉鼻涕，再次盯著我，整個人輕鬆得像是卸下了千斤重擔，彷彿心照不宣地笑著說：「我剛說的事聽起來真的很瘋狂吧？」

我們相視而笑，他也踏上了病情好轉的第一步。

是什麼讓傑克願意放下他的瘋顛？因爲他從我這兒得到了「倒映」。以往，這個世界要求他倒映並順從，不管是醫生指示「你需要吃藥」，抑或心理專家點出「你知道這些是幻覺吧？」，在這樣的情境之下，世界永遠是理性又正確的一方，傑克則是瘋狂又錯誤的那一個，而「瘋狂又錯誤」在這世上是多麼孤獨的一隅！

我精確地倒映了傑克的內心，讓他少了幾分孤單，情緒獲得抒發，在心理上自然就放鬆了。傑克也因此感謝我，隨之而來的是敞開的心房，願意與我合作而不再挑釁。

除非你也是個心理醫生，不然無需面對這麼多偏執的精神分裂患者，但是每一天，你都必須跟許多鏡像神經元受體不滿足的人交手，因爲這世界對於他們的付出無法給予同等的回饋（事實上，我個人認爲這本是普世皆然的現象）。了解一個人的渴望並給予回應，是你用來說服別人的強大工具，在職場或是個人生活上都是如此。

想得到倒映的渴望，不只在一對一的談話中才能被滿足。記得在二十年前，我目睹了一位謙遜到有點不起眼的講師竟能同時打動台下三百多名聽眾，他擄獲人心的功力打敗另一位個人魅力十足的高調講師。

我當時是參加一個爲期兩天的座談，主題是高效密集的簡式心理療法。會議中的兩位講師分別是來自加拿大與英國的心理醫生，兩位都是此領域的先驅。他們照慣例先發表演說，播放患者會診的影片，然後請大家評論、提問與討論。

加拿大籍的講師一進門就講得鏗鏘有力，言簡意賅，積極又有活力，聽他說話很輕鬆。第二位心理醫生正好相反，雖然口條一樣清楚，但是比較沈穩和低調，還帶有英國腔，必須費點神才能聽得清楚。

不過在接下來兩天，情勢大逆轉，加拿大籍講師講起話來像是在跑道轟隆作響準備起飛的波音七四七；英國籍講師則像是雙引擎的小飛機，平穩從容地向跑道那頭駛去。加拿大籍講師過於熱情，老是超時而占用掉休息時間，工作人員每次都得催促我們入座開始下一場講座。過沒幾次，只要快到休息時間，聽眾就會頻頻看錶希望準時結束，不過講師依然故我，不在乎大家是否認眞聽也要堅持講完想講的才罷休。

英國籍講師則是一派悠閒，先用手指敲敲麥克風，詢問後方聽眾是否聽得到聲音；在講課過程中非常留意聽眾是否累了，注意力是否開始渙散。果眞如此，他甚至話說一半就會止住：「你們聽得夠多了，休息十分鐘再回來吧。」這樣的作法是我所見過最佳的倒映示範，而且是對著一大票三百多名的聽眾。

起初這些都是無足掛齒的小事，然而到了座談會尾聲，聽眾不再對充滿魅力但是過於自我的加拿大籍講師感到驚豔，反倒轉爲欣賞、也更願意聆聽能夠精準倒映他們感受的英國籍講師。英國籍講師贏得了一整個講堂聽眾的心，而這一切做來絲毫都不費力。

化理論為行動

我得特別申明，這一章的大腦科學並不適用於每個人。有時候你會遇到一些人的大腦卡在爬蟲動物層或是哺乳動物層（其中很多是屬於「精神疾病」的範疇，但並非全部都是），不管你再怎麼努力，也無法讓他們理性思考。也有人不把你的倒映當一回事，因爲他們天生不愛與人交際，或者是只在乎別人是否順他意的自大狂。所以我在後面的章節也會教大家如何應付霸凌別人的混球。

在大部分的正常情況下，只要你能攀過那道因爲害怕受傷與被操控而聳立起來的牆，人們都還是願意敞開心房。在接下來的章節，我會教各位如何精準地倒映對方的情緒，引導他們用較高層的大腦思考，防止杏仁核遭劫，這一切只需要幾個簡單的原則與技巧就能做到。我也會教各位控制自己的大腦，在壓力之下能夠保持冷靜而不崩潰，正確說出該說出口的話。

有辦法做到這些，你會訝異原來打開別人的心房是如此簡單的事，而這對你的工作、人際關係和生活所能造成的轉變，包準讓你吃驚。

第二部

打動別人的九大核心原則

Treo 手機要與黑莓機連結並同步的關鍵就在 Outlook 信箱。

現代人很懂得連結不同的 3C 產品，像是把黑莓機連接在電腦上，這兩件機器就能同步。但說到人與人的連結，卻鮮少有人稱得上專家。各位只要精通這一部分的九大原則，就能一窺跟任何人都可以溝通的堂奧，不論是在公司、在家裡，或是處於人生的任何階段都適用。

學會這些原則，就可以進入第三部，學學十二個打動別人的簡單技巧，適用於說服週期的各個階段。你當然可以跳到第三部直接學習馬上可上手的技巧，但建議各位先耐心讀完這一部分，因為這十二個技巧的威力不在於你說出什麼，而在於你理解到背後的為什麼，以及要在何時、如何使用。你會感受到打好基礎才是這十二項技巧能揮灑自如的關鍵。

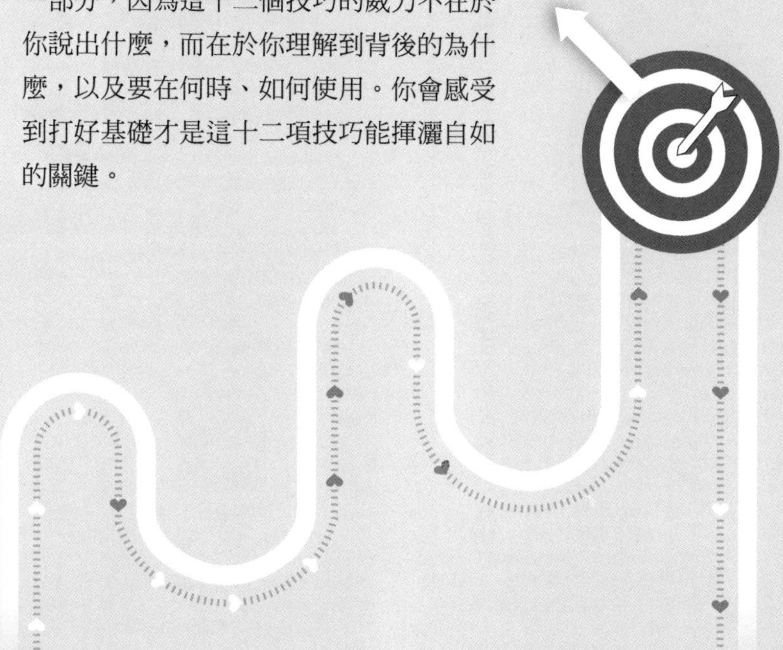

原則 1

從咒罵到說OK

勝利的關鍵就在於承受壓力時能夠臨危不亂。

——保羅·布朗 (Paul Brown)，美式足球布朗隊與辛辛那提隊的前教練

「馬克，我激動到有點暈了。」亞培眼力健公司 (Abbott Medical Optics) 的執行長暨董事長吉姆·馬佐 (Jim Mazzo) 在電話那頭這麼說。

吉姆是我所認識的企業領袖中相當遵守道德規範和具領導力的一位，但即使是出自如此了不起的人之口，他的話還是讓我吃驚。因爲在二〇〇七年的那天，他的公司正面臨了一般人會稱之爲危機的事件。

吉姆不久前發現有一款出品的眼藥水可能會造成嚴重的眼角膜感染，沒徵求董事

會的同意便下令旋即回收市面上的藥水。我去電告訴吉姆說很敬佩他的擔當，讓我想起嬌生從前的執行長詹姆士·巴克（James Burke），他在發現幾盒泰諾（Tylenol）止痛藥遭到氰化物汙染後，也是緊急撤回所有商品。

吉姆回答：「我們公司是個好公司，一切運作透明，有一套我們都很尊重並願意遵行的價值觀與行爲準則。我很激動是因爲我知道這是一次非常難得的機會，可以提昇公司還有我個人，事後證明確實如此。」

他接下來的話更讓我激賞：「危機發生時，如果你能抗拒誘惑，不去做讓情況雪上加霜的事，就能看見公司與自己的價值，這是沒有經歷危機就學不到的事。」

這眞是無比的勇氣，這讓亞培眼力健公司平安度過風暴事件，並且得到加分，作爲一個優良公司的聲譽更加穩固，也贏得投資者與消費者全然的信任。

吉姆和其他遇到危機就恐慌，企圖說謊、掩蓋問題，或是擺爛的企業領袖有何不同？那是在於他遇到問題時敢於承擔，並且認爲怎麼正確就怎麼做，他既有智慧又謹守自己的道德理念，加上在危機當頭，他能快速面對內心開始湧現的恐懼反應（人類面對危機時的正常反應）。起初，吉姆與每個人無異，都會感到驚慌，但是他不讓自己陷入這種情緒，他聽從自己的核心理念，避免杏仁核沸騰而做出盲動的決定。當其他人的情緒還未平復，還在想是要隱瞞問題或是物色代罪羔羊時，吉姆已經快速又有效率地解決掉問題。

先說服自己

控制情緒不只能讓你像吉姆一樣成爲優秀的領導者，這也是說服別人的關鍵，尤其是在充滿壓力與不安的情況下。唯有冷靜沉著的人質談判專家才有辦法和耳根子硬得很的綁匪斡旋，化解幾乎不可能轉圜的危機。相反地，這也是爲何一個愛哭泣、發牢騷或是怒罵的人，有本事把原本很平和又具同理心在傾聽他說話的人惹毛。

在接下來的章節，你們會學到很多轉化別人態度的巧妙方法，但是最厲害的莫過於學會控制自己的思緒與情緒，因爲在絕大部分的情況下，這是成功溝通的第一步。**精通自我控制的藝術可以扭轉人生，因為當你必須在高壓狀態下說服別人時，你不會成為自己最大的絆腳石。**

當然，不是每回的溝通都一定會讓人神經緊繃，但許多情況都很具挑戰性，而且經常會決定你的事業與人際關係是成是敗。除此之外，令人措手不及的狀況也容易導致腎上腺素激增。硬著頭皮打陌生電話給潛在客戶，應付怒氣沖沖的客人，參加一場刁鑽的公司面試，面對發飆的老公老婆或是叛逆的孩子，種種情況都可能將你推向失去理性思考的邊緣，然而，一旦拍桌子，你就輸了！

因此，**在壓力下取回控制權的天字第一號原則就是：先管好自己**。（這也是爲何空服員要你先幫自己戴上氧氣罩，再幫小孩）。所幸，自我控制比你想的要簡單許多。

速度就是一切

各位應該早就從生活中摸索出一套應付壓力的聰明方法，知道如何從進攻模式(attack mode) 切換至情緒模式 (emotional mode) 再轉換成理智模式 (smart mode)，但是你還不知道的是如何快速通過這三個階段。

通常在衝突爆發的幾分鐘後，你會試圖冷靜，深呼吸、平復心跳速度；幾分鐘甚至幾個小時之後，你大概就得以控制住情緒並且開始思考解決辦法。再經過一段時間，大腦就可擬出聰明的應變策略。

但是往往會緩不濟急，到此階段前你可能已經失去客戶的訂單、挨了老闆一頓刮、受到同事排擠、失去另一半的信任，或是錯過好好表現留下絕佳第一印象的機會。

那麼，解決方法爲何呢？事態緊急時，爲了不搞砸打動另一個人的良機，你必須要能在幾分鐘內控制住自己的思緒與情緒，沒錯，沒有幾個鐘頭給你慢慢耗。簡而言之，你得在瞬間之內從爬蟲動物進化到哺乳動物，進而提升至靈長類的大腦層，這聽來像是不可能的任務，但是……你絕對做得到！只要願意練習，就可以在兩分鐘內達成，此時你會比在場的任何人都更有優勢，因爲只有你一枝獨秀，能夠條理分明地權衡局勢。

從咒罵到說OK的過程

你必須對面臨壓力或是危機時的心理變化有所了解，才能知道壓力是怎麼削弱你跟別人溝通的能力。有趣的是雖然每次應付的問題五花八門，但是大腦的回應方式卻大同小異。不管遇到的危機是車子小擦撞、丟掉客戶的訂單、和另一半爭吵，或是還未成年的兒子突然對你宣告：「我女朋友懷孕了。」……，每次一緊繃，你都會經歷大致相同的幾個階段。

在小危機中，你可能會從中間階段開始起步；但是遇到大問題，你就會從最底端開始起跑。我把這個過程稱爲「從咒罵到說OK」，說明如下：

從咒罵到說 OK 的過程

①「去他的！」——反應階段

這太慘了，我死定了，他媽的怎麼會發生這件事，我完全沒輒，完了！

②「喔，天啊！」——釋放階段

天啊，真是一團亂，看來得耗上一陣子收拾善後，我老是遇到這種鳥事。

③「唉！」——重拾思緒階段

唉，好吧，我可以解決，只是有得受了。

④「好啦！」——專注階段

我不會讓這件事毀了我的人生（事業／一天／感情），現在就要著手扭轉情勢。

⑤「OK！」——處理階段

我準備好來解決問題了。

要告訴各位的祕密就是：當你開始意識到這些階段，並且能夠分辨自己身處哪個階段時，就有辦法操控每個階段的情緒反應。如此一來，就可以在幾分鐘內走完所有過程。像是吉姆這樣的人大概天生就深諳此道，如果你並非和他同一種人，現在也可以開始學。

但要看清楚喔，我指的並不是你可以在兩分鐘內解決危機，不・可・能。我指的是你可以快速想出可能的因應之道。做到這點，你就可以將自己從「慌亂」模式切換至「解決問題」模式，你也就可以說一些有建設性的話，而不會說一些意氣用事的話。

咒罵的力量

要將大腦從慌亂狀態切換至理性狀態的一個關鍵作法就是：**形容自己在每個階段所感受到的情緒**。身處公開場合時可以用默念的方式；獨處時則不妨大聲講。不管是哪一種情況，這都是你得以快馬加鞭控制自己的關鍵。

原由何在？南加大馬修・李柏門（Mattew Lieberman）的研究發現，當人們把情緒化爲字眼說出口，像是「我很怕」或是「我氣死了」等等，杏仁核這個可以把大腦打回爬蟲類狀態的危機感應器瞬間就得以冷卻下來。同時，前額葉這個大腦比較明智的區塊就會開始上工。此區塊的大腦似乎可以抑制情緒反應，讓人得以冷靜下來思索問題，而這正是你想要達到的目標。

很意外吧，現在可不是用「我很好、我很冷靜、一切都沒問題」哄騙自己的好時候。反而是要對自己說（至少在事發之初）：「去他的」或是「我怕得要死」。

搭上從咒罵到說ＯＫ的快速列車

說出你在每個階段的情緒感受，這個簡單動作是解決方法的一環，只能算是個起步。所以遇到事情只會跳出來大罵「去他的」的人通常解決不了問題。他們只是跳脫了動物腦階段，接著卻沒再有任何進展。

所以，**把罵「去他的」當成你的起點，但千萬別就此停住**。當你說出自己的情緒感受，就給了前額葉一個立足點，開始一層一層往上爬，讓大腦得以在慌亂中獲得控制，下面教你如何做到：

①「去他的！」——反應階段

不要否認自己的沮喪與害怕，反而要找出這些情緒並且承認，用默念的方式形容自己的感受，像是「我怕得要死，很怕會因此丟掉工作」等等。獨處的話就大聲說出口，因為講話時的呼氣可以幫助你重拾平靜。如果當下可以走得開一、兩分鐘，請務必這麼做；不行的話，在開頭幾秒鐘千萬別跟任何人講話。你需要全神貫注來認清自己的情緒，並且從憤怒或是慌亂的階段開始往上爬。如果可以閉目養神個一分鐘左右，也請務必這麼做。

②「喔，天啊！」——釋放階段

在承認自己感受到的強烈情緒後，請閉目緩緩深呼吸並開始沉澱情緒，持續到心情平復為止。情緒釋放掉以後，請維持深呼吸並放鬆，這麼做可以幫助你開始重拾內心的平靜。

③「唉！」——重拾思緒階段

繼續呼吸，隨著每次呼吸讓自己從第一階段進入第二、第三、第四、第五階段，轉換時說出相對應的情緒性用字也會有幫助，像是：「去他的！」、

「喔，天啊！」、「唉！」、「好啦！」、「ＯＫ！」。

④「好啦！」——**專注階段**

開始思考如何把損害降至最低，讓事情得以圓滿解決。

⑤「**OK！**」——**處理階段**

如果還處於閉目養神狀態，現在可以張開眼睛，開始著手你該做的事。

一開始，你會覺得很難快速通過這幾個階段，因爲大腦還不熟悉這些流程，多加練習後大腦就能習慣成自然，順暢地從爬蟲類進入上層的靈長類區塊（當然，如果你耗在咒罵的時間長達好幾分鐘甚至好幾個小時，那離習慣成自然還遙遠的很）。

然而，事先在心裡模擬這些步驟並應用在日常生活中，一次會比一次更快更順手。給這套辦法六個月的試用期，你將會發現即使情況再惡劣，你都是那個可以主導情勢並且順利解決掉問題的人。

如果你是我所謂的「恐懼性攻擊」(fearful attack)的受害者，那更是非得學起這個技巧不可。有時候一隻看起來無辜的鬆獅狗或是短腿臘腸狗，會突然兇起來對著人狂吠，這樣的反應並不是因爲天性如此，而是因爲害怕四周的噪音和騷動，不由自主地進入「去他的」模式。身爲心理醫生，經常可看到人們陷在這種恐懼性攻擊的狀態，如果你發覺自己有相同的傾向，遇到壓力時說話音調會提高、怒氣衝腦、說話口不擇言，甚至可以清楚感覺到脖子上的血管在噗通跳，那麼請勤加練習，精通了這套從咒罵到說OK的速成方法，關鍵時刻絕對可以挽救你的工作與婚姻。

如果你被攻擊時很容易淌眼淚，這個技巧對你更是無價之寶。承認有想哭的衝動不要拼命壓抑（說出：「好吧，現在是『喔，天啊！』的階段，我很想哭」），你就能發覺哭不哭的選擇權操之在你，並且決定不流淚。

即便你已經能夠冷靜地化解壓力，我還是希望你做做這個速成練習，因爲你可以更快抵達「控管情緒」的目的地，**有時候快上幾秒就是勝敗的差別**。

美國前國務卿鮑威爾（Colin Powell）是我所見過在衝突下維持冷靜，功力最深厚的人。在一九九六年，鮑威爾擔任一場著名房產建商所舉辦的頂尖建築設計師論壇的主講人，那時的他已經深受美國民衆的愛戴，並且是被提名為總統候選人的大熱門。

那一天我正好也在現場，鮑威爾將軍的演說深深打動了我的心（還有在場的所有人），他鼓勵大家回饋社會，熱切說著自己是如何感謝家人、童年與朋友，他勸導大家都能行善來端正作為。

在演說結尾，他開放聽眾提問，當時大夥都還沉浸在他激勵人心的話語之中，完全沒料到接下來所發生的事。

第一個發問者問：「鮑威爾將軍，我知道尊夫人曾經是憂鬱症患者，長期服藥，還待過精神病院，你可以聊一聊這件事嗎？」

現場的八千名聽眾為此不禮貌、甚至有點殘忍的提問而起了一陣騷動。而在接下來的靜默之中，大夥也好奇鮑威爾對此天外飛來一筆的問題會如何回應，因為早在幾年前，馬斯基（Edmund Muskie）原本也是被提名為總統候選人的可能人選，但在被記者問及老婆的精神異常時哭了出來，砸掉了大好機會。鮑威爾在類似的情況下又會如何回答？

鮑威爾看著這位拋出問題的聽眾，停頓了一會兒，說道：「真抱歉，當你最愛的人活在水深火熱之中，你怎麼可能不竭盡全力拉她一把，你對此有什麼意見嗎？」

我對他的回答佩服到無話可說，漂亮、沉穩又無懈可擊。

相信我，這並不會是他的第一個念頭，聽到問題的瞬間，他應該是想衝下台打得那個人滿地找牙，任何處於他的立場的人都會想要這樣做。

他絕對有權生氣，但他沒向憤怒屈服，也沒有像馬斯基參議員一樣崩潰大哭。他通過從咒罵到說 OK 的速度之快是我沒有遇過的。

這比起先前的演說更讓我動容，他感動了台下的每一位觀眾，而且是發自內心的感動。相信我，那位老兄被打動的程度與被揍一拳在臉上同樣有力道，雖然鮑威爾連一根手指都沒動一下。

這就是在壓力之下保持鎮靜的功力，如果你也能做到，在面對人生投遞給你的那些危急關頭，你也能完美解套。

智慧帶著走

當你經歷從咒罵到說OK，你就會跳出框框，不再死心眼地說你認為世界一定該是如何公平正義，就能接受事與願違的情況，轉而接受世界的真實原貌，好好生活。

行動藍圖

挑一件在過去這一年你與同事或另一半所發生過最嚴重的爭執，在心裡頭模擬，如果事件重演你要如何帶領自己走完從咒罵到說OK的過程。下次再與同一個人起爭執的話，你就會知道該怎麼做了。

原則 ②

切換到「傾聽」模式

人生無異是建構在感受之上，
而更常是植基於錯覺上頭。
——戴夫・羅根（Dave Logan），《部落領導學》與《績效三大定律》之共同作者

「有多少人覺得自己很善於傾聽，或是至少是還不差的？」我在一場全國房地產仲介年會上對著台下的五百位業內聽眾發問。

每個人都舉起手來，接著我又問：「如果我說你們從來都不懂得傾聽，有人同意嗎？」

我停頓了一下，環視全場的聽眾：「真的嗎？沒有人舉手？這下可有趣了。」

以心理醫生的身分面對一群企圖心強、講話不喜歡拐彎抹角的業務人員，我就先矮了兩截：第一，我不是業務人員；第二，我是心理醫生，而心理醫生跟業務人員一向很不對盤，在那當下，聽眾的心裡應該都在嘀咕：「眞是個自大狂。」眼看又要再輸一截了。

我繼續說道：「如果我可以證明你們都不懂得傾聽，然後教你們如何改正這個問題，工作起來更有效率，有人有興趣聽嗎？」

慢慢有些人舉起手來，但是臉上就是一副：「好啦，給你一次機會試試，不行就直接三振出局。」

我趕緊把握機會說：「請各位想像有一個行政助理，工作老是無法準時完成，交出來的文件又有許多錯字與錯誤，提醒他注意時，不是有一堆藉口搪塞，就是抓狂或直接哭給你看。」

我問大家：「你們有認識這樣的人嗎？」這回幾乎人人都舉起手來（看來我扳回一城了）。

「現在請大家不要客氣，你會用什麼樣的字眼來形容這個助理？」我問道。「我先拋磚引玉好了：散漫。」

答案開始此起彼落地丟了出來：「懶惰」、「缺乏訓練」、「態度差」、「草莓族」

（這個回答得到大夥心照不宣的笑聲），還有人補了一槍：「一打就爛」。

我接著說：「請想像現在是星期一早上，你問這個助理：『星期三要給甲公司的文件準備好了嗎？』他回答：『還沒。』你們有誰會覺得他眞是成事不足啊。」整場的聽眾都舉起手來。

「那接下來你會怎麼做？生氣、大吼大叫要他加緊趕工？還是你會跟其他同事抱怨，說你不要這個助理再來參與你的業務？或是一臉厭惡地走開，氣公司怎麼專找這種爛咖？」

看著大家一臉認同的表情，我知道自己得分再度拉高。很明顯地，許多仲介每天都被這些狗屁倒灶的事弄得很煩，而我精準地倒映出他們的心事，他們開始認同我所說的話……至少目前爲止是如此。

「現在，我們換個方向想，要是你口氣平靜地問助理：『爲什麼還沒做好？』結果助理哭了起來說：『這個週末我眞的花了很多時間在做，本來準備今天早上就要交給你……不過我預計今天下班前一定可以完成給你。後來是因爲老年痴呆的阿公昨晚打電話告訴我阿嬤中風，救護車載她去了醫院。我父母都已過世，阿公阿嬤只有我這個孫子能依靠，我不得不放下手邊的事去幫他們，昨天整晚都沒睡。我知道這不是我第一次沒能把事做好，但是要照顧兩個老人家眞的很累，有時候眞的快吃不消了。」

「聽到這樣的話，你會改變對助理的觀點，甚至是你的回應嗎？」我問道。

聽眾裡開始不斷出現竊竊私語，態度轉彎時會有的現象，有些人出聲了：「這是當然的啊。」

「那好，我的說法成立：你們根本就不會傾聽。你們的反應和所有人沒兩樣，從跟助理一開始的寥寥互動就妄下結論，把對他的認知跟懶惰、態度差、草莓族……這些字眼緊緊綁在一塊，而這些字眼就像是一種篩子，讓你雖然有聽卻沒聽見被篩子先過濾掉的訊息。」

我接著說明如何解決：「丟掉這個篩子，也就是你對別人的成見，不管是懶散、成事不足、愛抱怨、不友善、無可救藥……等等都一樣，這種成見形成的篩子會阻擋掉你眞正需要知道的訊息。移除這道建在心裡的高牆，你才算是做好準備，可以進一步去打動你原本認爲難以溝通的人。」

「我有在聽啊……沒有嗎？」

也許你會說：「馬克，我都有在聽啊。開會時聽同事講、回家時聽老婆、小孩講，每個人都講、講、講個不停。」

你說的是沒錯，**問題是當你在聽時，並不是真正地在「傾聽」**，因為你的大腦讓你做不到。

還記得先前談到的三個大腦層嗎？也就是隨著進化的發生，哺乳動物層覆蓋在原始的爬行動物層之上，然後靈長類層又覆蓋在哺乳動物層之上。我們對人的評斷也很類似，因為也是根植於過去的印象，這樣的評斷不全然錯誤（事實上，直覺通常是準的），但也不全然正確。

以這五百位房地產仲介人員來說，他們馬上就把助理貼上「懶惰」的標籤，沒有人會思索也許其中另有隱情。為什麼會這樣？因為他們聽過太多工作做得不好的人被形容成懶惰、鬆懈、成事不足敗事有餘，所以當助理的行為模式一旦符合既定分類，廢話不多說，馬上就被貼上同樣的標籤，很難扯下來。

為什麼人類會這麼容易讓觀感落入成見，原理很簡單：因為新知識是建構在舊的上頭。小孩都是先學會爬才會走；會走了才開始跑。現在可以飛快地在黑莓機上打字，是因為已經在那小鍵盤上摸索了幾個月。現在能在神遊狀態下開車，是因為大腦已經記得怎麼開車。

同樣地，我們今天能立即對一個人做出評斷，全賴於先前對於這個人所聽說過與知道的一切，我們死抱著這個觀感不放，每次與對方互動時，就會戴上這副有色眼鏡來看對方的言行，因爲我們早已學會這麼做。

問題就出在我們以爲自己對於別人的第一印象都是經過邏輯思考而來，其實不然；這些評斷混雜著有意識、無意識的想法、想像與成見，因此打從一開始，我們就是和自己腦袋裡編造出來的人物在往來，而不是眼前這個活生生的人。而且第一印象還會影響或是扭曲我們對別人的看法，時間長達幾個月或是好幾年都有可能，於是有聽對方說話也很難聽出眞相，**因為我們會曲解他說的每一句話，來符合我們自己先入為主的成見。**

你有幾副有色眼鏡？

我的朋友瑞奇．米朵騰 (Rick Middleton) 是洛杉磯通信公司 (Executive Expression) 的創辦人，他用了一套 GGNEE 模型來說明我們如何在還未真正認識對方前就已在腦中把他們分門別類。瑞奇認為我們在沒有意識到的情況下，瞬間就依照下列順序開始作業：

性別 (Gender)

世代（或年齡）(Generation or age)
國籍（或種族）(Nationality or ethnicity)
教育背景 (Education)
情緒 (Emotion)

順序如此是因為我們會先看到對方是男是女、大約的年齡與國籍，然後聽他說的話掂量教育水平，再來才會開始感受對方的情緒。牢記這個 GGNEE 模型，你就能察覺潛意識中讓你無法真正去傾聽、也就無法打動別人的那副有色眼鏡。

爲什麼大腦的運作方式這麼沒有邏輯？因爲很多時候，把人貼上刻板的標籤很管用。譬如說你搭上滿是乘客的火車時，直覺會叮嚀你離那個全身髒兮兮、眼神又不正派的怪人遠一點；最好坐在正在打毛線的老婆婆旁邊，而且要避免和那個畫著誇張眼妝、看起來很不好惹的青少年有眼神接觸。這些認知有可能都是錯的，畫著哥德式誇張眼妝的青少年很可能本性善良又聰慧、感性，只是臉上少了點笑容；髒兮兮的傢伙也可能是個無害的怪咖，而誰又能保證老婆婆不是恐怖組織的祕密成員呢。但是你不會有時間逐一去了解每個人，大腦就利用過去的經驗值與內在直覺快速作定奪，而這無非是爲了顧及你自身的安危。

因此快速篩選別人並非壞事，只有在下錯結論時才會產生不好的影響。問題難就難在這樣的事情天天都會發生，而且是你我皆然，因爲大腦很善於妄下斷語，不太會退一步去客觀分析。

眼見爲憑，
錯看反而會使你受到蒙蔽，
更糟的還會使你功不成事不就。

那有解法嗎？有的，就是思考腦袋中的想法。**當你有意識地分析自己對於一個人的評斷，並且拿事實來比對、佐證，你就可以得出更正確的新印象。**如此，你就能眞正與眼前這個人溝通，而不是與大腦根據錯誤認知而捏造出來的人物互動。

我們再回到先前房仲與散漫助理的例子，看看這個過程要如何實作。這群野心勃勃的房仲看待助理的角度非常嚴苛：表現不佳、搪塞藉口、自我防衛心重、責怪別人，所以是草莓族。自然不會想要浪費時間和力氣理會助理，但是當我請他們想像這個助理成事不足的背後可能另有隱情時，就能促使他們重新建構對於助理的看法。這麼做能幫助他們另眼看待先前所唾棄的人，得到更準確的新觀感。

你對你所認識的人有多了解？

也許你會說：「馬克，這些聽起來是很不錯啦，但是對於那些相識多年的人呢？我對他們沒有錯誤的認知，事實上，我了解他們的程度就如同了解自己一樣。」

我的答案是：「其實你沒有那麼了解對方！」很多來找我諮詢的人都是和某個人共同生活或是工作了幾十年，但還是不知道對方的地雷在哪。錯把對方的不安當自大、恐懼當固執，情有可原的發怒解讀成「他天生是個混蛋」。他們彼此放話、顧左右而言他、相互指責對方，唯一不做的就是彼此好好溝通，其實他們最需要的是眞正看清楚對方。

傑克森夫婦就是很好的例子，這兩位結褵半世紀的夫妻，在太太的堅持下來找我諮詢，那時的他們已經吵到不可開交，老公甚至放出狠話：「不然你走啊」。

這話他先前就已經說過很多次，但是這一次太太覺得很受傷，非常憤怒，把老公的東西打包後要他滾蛋。這一次傑克森太太絲毫沒有軟化，先生反而怕了起來，因爲高齡八十二的他非常依賴老婆，不能沒有她，傑克森太太則表示只有他們一起接受心理諮商，她才會考慮復合。

聽著他們兩個的敘述，可以明顯看出共同生活大半輩子的他們還是深愛彼此，但是他們不再「喜歡」對方。二十分鐘過後，我覺得聽夠了，於是叫他們：「停、停、停」。

他們有點驚訝，安靜了下來，我對著傑克森太太說：「你知道你老公認爲娶你是他這輩子做得最對的一件事嗎？」

她訝異地回了一句：「你說什麼？」

傑克森先生緊接著說：「醫生說的沒錯。我給你一個房子，而你給了我一個家，沒有你，我就沒有歸屬，也沒辦法跟孩子維持良好的關係，畢竟以我一個工程師來說，溝通不是我的強項。」

傑克森太太看來還未回過神，我就把矛頭轉向先生：「那你知道太太認爲你是她遇過最好的男人嗎？」

他詫異得下巴好像快掉下來似的：「醫生，你在說笑吧，她最愛挑我毛病了，一直碎碎念我這能做、那不能做。」

「醫生說的沒錯，你是我遇過最好的男人，沒錯，你不太懂得溝通，但是你不喝酒，也不會和別的女人鬼混。堅守自己不喜歡的工作，只是爲了給我和孩子一個安定的家。」

「那你老愛挑我毛病是怎麼一回事？」傑克森先生插嘴。

太太回答：「我對每個人都這樣啊，我就是個挑剔鬼，孩子也快被我搞瘋了，但就如同我剛說的，你大概是老天爺這一輩子給我最好的禮物。」

看看這對相處半世紀的老夫妻，一直在聽對方說話卻不是眞正的傾聽。多可惜啊，他們一直以爲對方是在容忍自己，但其實是彼此珍惜。瞧瞧他們開始傾聽之後所帶來的轉變，剛來時吵得不可開交，連正眼都不瞧對方一下，但是現在看起來活像是剛墜入愛河的戀人似的。這一切所需要的魔法只是幾分鐘眞正去傾聽，他們早該在五十年前這麼做了。

同在一個屋簷下五十年，傑克森夫妻對彼此瞭若指掌，老公知道老婆最喜歡哪個牌子的番茄醬，老婆則知道老公小時候的狗狗叫什麼名字，他們知道對方的健康問題、盥洗習慣還有最愛看的電視節目，然而，一說到眞正重要的大事，就茫然得像是全然的陌生人。

從這個例子可以學到什麼？對於我們需要溝通的人，不管是初識或是已經結識一輩子，我們對他們的認識遠比我們自己認爲的還要少，而認知也可能錯得離譜，要打動這些人不只是要他們打開心房，更重要的是你要調整自己的頻道以便能接收到他們的眞實面目。

因此當你遇到問題人物時，想想導致他出現這些行爲的眞正原因。也許是新發生的問題：健康亮起紅燈、財務遇到危機或是工作壓力。也可能是由來已久的問題：像是害怕不能勝任自己的職務、因爲沒有受到尊敬而惱羞成怒，或是擔心別人覺得他不具魅力、不夠聰明。當然也有可能他眞的是混蛋（但通常不是）。放下你的成見，看清楚別人行爲背後的眞正原因，那你就能夠踏出打破人我藩籬的第一步，開始與不可理喻的人溝通。

智慧帶著走

如果你想要開啓溝通之門，那就先打開自己的心房、放下成見。

行動藍圖

選一個你不太熟稔的問題人物，可能他無法準時完工、沒來由地搞砸事情、態度充滿敵意、對批評過於敏感，或是就是會讓你抓狂的人。在腦袋裡列出你會用來形容這個人的字眼，像是懶惰、散漫、粗魯、混蛋等等。

現在，試想五個潛藏在這些行為背後的可能原因，像是「擔憂自己的健康狀況」、「怕大夥因為他年齡小而不看重他」、「正在戒酒，日子過得不順遂」、「有創傷後壓力失調症候群」、「以前遭到事業夥伴背叛過，無法再相信任何人」等等。想像一下，在這些情境下，你對於這個人的想法會起何變化。

利用這個方法來放下你的成見，然後約對方碰面或是吃個飯，看看你是否可以找出問題行為背後的真正成因。

原則 3

讓對方知道你懂

能夠發揮潛力自我實現的人，
通常對人都有很強烈的認同、憐憫與感情。
他們覺得跟人很親近，關係密切就像是一家人。

——亞伯拉罕・馬斯洛（Abraham Maslow），心理學家

一頭白髮的漢克抱怨地說道：「還需要多久啊？我還有別的事好做耶。」漢克是洛杉磯一家知名律師事務所的資深合夥人，這間事務所請我來化解漢克與另一位資深合夥人奧黛麗之間的緊張關係。奧黛麗的名字在門上是排放在漢克之前，她有本事為公司帶進大把生意。她是很出色的律師，在公司裡呼風喚雨；漢克很聰明，但是他寧可閒著沒事啃指甲，也不去招攬生意。

問題出在漢克一點都不欣賞奧黛麗的才能，覺得她講起話來像包租婆，老是在辦公室打斷別人，高談闊論說她參加了什麼重要活動、上了哪個節目或是有哪家的雜誌、報紙又採訪她。讓問題雪上加霜的是，全公司的人之中奧黛麗最想得到的就是漢克的敬重，這可以說是她一直想得到父親的肯定卻總是無法如願以償的移情作用。

漢克的固執是源自家庭背景，母親是個非常情緒化的人，讓他們一家人的日子很難挨，爸爸、哥哥、姊姊和他都深受其害。漢克離家之後發誓絕對不會再像這樣受到另一個人情緒霸凌，而奧黛麗對他來說就像是個會讓別人惴惴不安的人。

他們有共同的案件必須一起處理，若是兩人有心結哪還能做好任何事，更何況他們的王不見王已經影響到公司其他人，無法專心工作。我的任務就是：讓這兩個人開始溝通，並且有團隊精神，好好合作。

這是一場流血戰，而且戰況愈演愈烈，兩人的交鋒愈來愈火熱。奧黛麗的聲音從尖銳變成強烈指控，她說漢克在眾人面前老是趾高氣昂地對她說話，並且譏笑她的發言，讓她覺得受到羞辱。

漢克挖苦地回嗆：「自取其辱這件事你自己做得好的很，哪需要我出手。」

奧黛麗馬上插嘴：「看吧，我就是說這種。」

奧黛麗的連珠炮攻擊持續了幾分鐘，漢克不是翻白眼盯著天花板，就是看手錶，偶爾丟句：「我真的還有很多事要做，可以先失陪嗎？」

我為這間事務所提供的其中一項服務，我戲稱為「大人出租」。眼下，我真覺得自己是這房間內唯一的大人，而他們兩人的針鋒相對已經快要連我都沒耐性了。

在聽他們唇槍舌戰的過程中，我了解到，問題不在於奧黛麗認為漢克不聽她講話，甚至漢克對她不尊重也不是癥結所在，而是出在奧黛麗覺得自己沒有被了解。於是我自問那她的感受是什麼，而我也有了答案。

我打斷他們，然後對著漢克說：「你知道奧黛麗一直覺得你認為她很惹人厭和招人反感嗎？」

奧黛麗的眼睛馬上有如靴貓那樣盈滿淚水，接著淚水潰堤地大哭起來，沒辦法再繼續原本像是要爭個你死我活的戰鬥嘴臉。她啜泣個不停，看得出受的傷很深，但同時也是一種解脫，終於有人懂得她的心情了。

爭鬥突然中止，漢克卸下防備，口氣轉為真誠：「別這樣，我不認為奧黛麗令人厭惡或反感，她為公司帶進大把鈔票，是這個城裡最會擴展生意的律師，而這卻是我最弱、也最不喜歡做的事。」他又重申：「我不認為奧黛麗令人厭惡或反感，我甚至還蠻喜歡她的，只是有時候她會興奮過頭，一走進辦公室就打亂別人原來在做的事，而我，比較喜歡事情有條有理一點。」奧黛麗掉個不停的眼淚現在已經快停住了，漢克再度對著她說：「奧黛麗，我真的不會覺得你令人厭惡或是反感，只是你有時候會踩到我的地雷而已。」

我換問奧黛麗：「那漢克在你眼中是什麼樣的人？」

她回道：「他是我看過最聰明的律師，雖然脾氣不好，但是可以很快就發現案子的問題所在，指正大家，也包括我在內。所以我很想得到他的肯定，希望他能認可我是一個很有能力的律師。」

隨著兩人的坦誠告白，緊繃的關係終趨和緩，這對敵人對彼此的欣賞原本掩蓋在對立氛圍之下，現在開始汨汨流露出來。不過才幾分鐘的時間，他們就從說服週期的抗拒（「我討厭你」）進展到考慮階段了（「也許我們還可以處得來」）。

漢克接著說：「奧黛麗，你是個很棒的律師，」然後他笑了，即使讚美時也不忘再補上一槍：「只是有時候你真的很煩人。」

「你讚美時還得再挖苦一下才開心，是嗎？」我針對漢克再度現身的嘲諷口吻給了回應。

漢克有點困窘：「是啊，牛牽到北京還是牛，混蛋就是混蛋，改變不了的。」

經過這一番的坦誠交心，兩人承諾以後會好好溝通，漢克會克制講話不要帶刺，奧黛麗也會要求自己在進辦公室之前先緩和情緒，不要因為開發到大客戶而腎上腺素高張興奮過頭。緊繃關係解除之後的結果呢：不必浪費時間在內耗上頭，整個公司更加和諧，工作效率也更高。

奧黛麗與漢克的故事屢見不鮮，環視一下你的辦公室，可能就有一些聰明又能幹的同事水火不容；再往高階一點看，也許會發現某個執行長對待團隊裡忠心的伙伴像是仇敵一樣，也難怪流動率高得嚇人。如果你身處業務或是客服部門，想想那些每回都像是來找碴而不是眞正需要你幫忙的客戶，深入一點探究，也許會發現他們需要的只是被人懂得，了解之後，你自然就有機會解除問題。

為什麼「覺得有人懂你」就能讓人轉性

要讓對方知道你懂他的心情，你必須將心比心。有辦法做到這點，你就能在瞬間扭轉一段關係。在那當下，與其要占上風，不如去懂他，達到此境界可以帶來和諧、合作與更良好的溝通。

事實上，冷戰能夠結束，關鍵點也可能是因爲同理心得以發揮。那是一個傳奇性的瞬間，雷根總統與戈巴契夫的會談原本毫無進展，但雷根看出在戈巴契夫的撲克臉背後是一顆愛國愛民的心，靈光一閃要戈巴契夫：「叫我羅納德就好。」（雷根總統的名字是羅納德）而不是以總統的高姿態互相敵對，彼此牽制。戈巴契夫接受了提議，也接受雷根的呼籲停止了冷戰。這個「認同」造福了全球的人。

讓對方覺得被懂得之所以有這種魔力，其中一種解釋就是先前提到的鏡像神經元。當你倒映對方的感受，對方也會想做同樣的事作爲回報。只要簡單地說句：「我懂你的心情」，對方便會產生感激之情，並且發自內心想要了解你以表達感激，這是抗拒不了的本能衝動，可以拉近人與人之間的距離。

儘管這個舉動的威力強大，但是人們通常因爲不想刺探別人的隱私而棄之不用，尤其是在工作場合。但如果你與對方的關係需要有所突破，那麼讓對方知道你懂他，是你所能採行的最佳策略。

我最近在一次會議上就使用了這個方法，對象是年約四十五歲的約翰，他因爲對人充滿敵意而顯得行爲粗魯。

他是一家《財星》一千大企業的執行長，公司併購了另一家小公司，新公司從上到下都需要重大改革，而這些改變造成了底下員工的反彈。幫助企業應付此種轉變所衍生的混亂也是我的專長，所以我到此提供協助。

其實約翰早先雇用一家著名的顧問公司來處理問題，這間公司所提供的建議卻流於紙上談兵，實際上完全行不通。不過約翰從這次的失敗中安全脫身，因爲他所使用的策略是這樣的，如果事情搞砸時，他可以說：「連專業的顧問公司都解決不了，我有什麼辦法」。往好處看是他沒有惹上麻煩；往壞處看是爛攤子依舊需要解決。只是現在他的預算更少了，這也是他來找我的原因。

我知道整個來龍去脈，能夠理解讓約翰充滿敵意背後的那些情緒，事實上，我親自感受過一、兩回。因此我不急著作簡報，反而停下來對他說：「一朝被蛇咬，十年怕草繩，是吧？」

這沒頭沒腦的一句話讓約翰有點傻眼：「你說什麼？」

我重複說：「先前的顧問公司未能兌現他們所開的支票，害你得跟老闆解釋爲何你的決定行不通，所幸老闆放你一馬。在驚險脫身後，你告訴自己：『決不再讓自己處於這麼危險的處境了。』現在你對我心有存疑，不確定我是否能兌現承諾，對吧？」

他有點不好意思地點頭同意，腦袋裡一定想起差點被老闆砍頭的驚險畫面，而現在又必須承認自己已經被我看穿。

我對他說：「別擔心，每個人都做過讓自己後悔的決定，我也不例外。」他微微地點了頭。

我繼續說道：「我們來做個交易吧。相信別人的承諾，到頭來卻希望落空的感覺眞的很糟，我懂，所以我不會對別人這麼做，當然也絕對不會這樣對你。但如果我眞的讓你失望了，你可以來追殺我。話都這樣說了，不過在和一家公司合作的過程中總是會有些顚簸，通常是因爲公司接受了一些概念上看似可行，實際上卻行不通的建議才會發生，此時最好的作法就是……」我跟約翰解釋著要如何度過難關。

最起碼……我得到這份工作了！

怎麼會這樣呢？那些看起來很有自信的人，尤其是在大企業任職的人，他們不求有功但求無過（特別是年紀在四十過半的經理人或是執行長，男性尤其如此）。這是因爲他們害怕犯錯時會有人緊咬住不放，也怕搞砸時面子會掛不住。

這些人犯錯時覺得會受外界苛責與奚落，內心也會感到羞愧，因此告誡自己絕對不能重蹈覆轍。所以當他們必須做一個有可能出錯的決定時，下意識會趨向保守。

知道這一點很重要，尤其是當你跟客戶講得頭頭是道，對方也點頭表示同意，事後卻又反悔。在此情況下，大多數的業務員或是經理人會引導對方把更多的疑慮說出來，以便逐一解決掉。這有時候行得通，但通常會失敗。因爲對方心裡在想但沒有說出口告訴你的是：「我怕犯錯，怕得要死。」

一開頭就把這個魔力句子說出口，讓客戶知道你懂也接受他的感覺，而且你也有相同的感受，如此一來，這個怕得要死的客戶就會覺得你懂。當他覺得被了解，就不會那麼孤單；不那麼孤單，焦慮和擔憂就會跟著減少，如此他們才能把你的話給聽進去。他們會從防衛（「滾開！」）轉變成理性，能聽進你的話，並且做出理性的判斷。

讓對方知道你懂的步驟

你也許會想：「馬克，這些對你來說當然簡單啦，你可是有三十年經驗的專業心理醫生。」我的回應是：「別看輕自己了，這麼簡單的事不需要醫學院文憑的。」下面就是你需要做的。

① 你覺得對方是什麼感受，找出一個字眼來形容，像是失望、生氣或是害怕。

② 跟對方說：「我試著了解你的感覺，我想你應該是覺得＿＿＿＿，對嗎？（填入一種情緒）如果不是，那你的感覺是什麼呢？」等待對方的認同或是讓他糾正你。

③ 然後說：「你有多失望（生氣、難過等）呢？」給對方一點時間回答，要有心理準備，因爲一開始的情緒反應可能很強烈，尤其是當對方的失望、生氣或難

過已經壓抑許多年，現在不是你要反擊或是表達不滿的時候。

④接下來你可以說：「你這麼失望（生氣、難過等）的原因是什麼？」和先前相同，給對方時間吐苦水。

⑤然後說：「告訴我，怎麼做可以讓你感覺好受一點？」

⑥最後可以說：「我可以怎麼幫上忙呢？你又可以怎麼幫自己好過一點？」

這六個步驟並非石頭上的刻文，死板板不可更動，把這些當成起始點，並且視對話進行的方向來活用。下面就是例子：

卡門想知道她的員工黛比為什麼在一個很重要的新案子上毫無進展。

卡門：黛比，我察覺到你對我要你負責這個案子，好像有點意見。

黛比：嗯……是有一點。

卡門：我想知道你是什麼感覺，我猜你是有點害怕嘗試新事物，也可能是到非常害怕的程度，對嗎？

黛比：（預備吐苦水）我一開始不敢講，但你知道的，我不是很懂繪圖，一時之間要學的東西很多，壓力好大，加上小孩的保姆又辭職，家裡一團亂。我想我是有點撐不住了。我知道這對我而言是個很好的機會，但是很怕自己會搞砸。

卡門：我了解一下子發生這麼多事的確很難應付，我可以怎麼幫你？如果我請席歐教你繪圖軟體有幫助嗎？他在這方面很厲害的。

黛比：幫助很大，這麼一來我就不用完全靠自己摸索，會比較有自信一點。

卡門：太好了，我等下就告訴他。還有什麼可以幫助你對新案子更上手嗎？

黛比：（放鬆了許多，對於自己擔下新工作一事有了正面的想法）如果公司之後會把更多這類的工作交給我，我希望可以去上課學一些繪圖和版面設計，公司有這樣的預算嗎？

有時候當你觸及對方的強烈感受時，他們的反應會嚇你一跳。請看下面例子：

幾年前，我花了好幾個月才和一位企業執行長約到時間碰面，但從一開始，他的態度就冷淡又不專心，幾分鐘後我終於受不了，問他：「請問你預計花多少時間在這個會議上？」

他看著我，表情很明顯寫著：「我不知道，但是最好現在就結束！」我以為他當下就會起身送客，但他找出行事曆翻了幾頁後說：「二十分鐘。」

我深吸了一口氣回道：「我接下來要講的話值得你專心聽，但顯然你現在做不到，因為你心裡的事比跟我開會重要。那麼這樣吧，今天就給我三分鐘，沒談完的部分等你有空時再約時間。你可以把原本要給我的十七分鐘拿去處理掛在心上的事情，因為你現在聽不進去，對你自己、對我和其他像我一樣的人都不好。」

經過一段頗長的沉默，他看著我（現在可專心的很），眼睛竟然開始泛淚。他說：「只是相處三分鐘，你就比幾公尺外那群跟了我十多年的員工還了解我，也許是因為我比較重視隱私吧。確實有事讓我心煩，我老婆剛做完抹片，結果不太樂觀，但她很堅強，要我還是回來工作比較好，但是我現在人在這裡，心卻不在。」

我回道：「很抱歉聽到這樣的消息，也許你最好回去陪她。」

這位執行長搖搖頭硬是吞回眼淚，他說：「不行，雖然沒有老婆堅強，但是也不能輸她太多，我當兵時還到越南出過兩次任務呢。我必須把該做的事做好，現在我可以專心了，我給你完整的二十分鐘。」

從這個故事學到什麼？我們很容易過於專注在要從某人那得到什麼，像是要同事承擔更多工作、得到上司的敬重、客戶的訂單，以致於忘了眼前這個人也是有血有淚，他會害怕、會緊張，會希望大夥對他的心情感同身受。忽略這點，你們的溝通就會被這道由情緒豎起的高牆分隔開來；反過來說，如果讓對方覺得你懂他的心情，你就可以把自己從陌生人變成朋友一般、從敵對關係變成同盟。你比較不會碰到對方跟你擺架子，可以減少很多溝通障礙，甚至獲得對方的支持，如此，也才能有辦法讓對方聽進你的話。

是不是簡單到不可思議，試試看，結果會讓你驚訝。

智慧帶著走

每個人都是有血有淚的個體，需要被人了解，不管是多有名或是地位多崇高都一樣，滿足對方的這個需求，你對他而言，就不再只是茫茫人海中的一個陌生人，而是一個朋友或盟友。

行動藍圖

想像一個你想要說服的人，對方不是一直找理由搪塞就是推拖，請思考一下他的處境，問自己：「如果我是他，會有什麼感覺？難過、害怕還是生氣？」然後實際接近這個人，對他說：「我要和你談一談，我一直把心思放在生你的氣，總是一副不耐煩的樣子，還處處找你的碴，但是當我不再這樣做之後，我開始思考如果我是你，一定會覺得很難過（害怕、生氣等等），對嗎？」

當對方說出他的感受時，請找出背後的原因，以及要怎樣做才能扭轉形勢，讓他好過一點，他就能有更好的表現。

原則④

不要想當個有趣的人，要對別人感興趣

如果我沒能讓對方變成一個有趣的人，
結果就是自討沒趣。

——華倫．班尼斯（Warren Bennis），南加州大學領導學院創辦人

你不僅會被別人的情緒或行爲綁架，像是抗拒、霸凌、煩惱或是生你的氣等等；也會被自己的無力感所縛，像是無法打動對方，此人可能不認識你或是根本不在乎你是誰。

你是否曾沮喪地想：「要是對方對我感興趣就好了，我就可以達到目標。」這就是我要好好講一講的：正是因爲卡在這樣的觀念裡，才會讓你沒辦法在人際關係上有所進展。

因爲你的心思全放在要說什麼才能讓對方覺得你很棒、很聰明或是很機智，這就是你搞錯的地方，完全背道而馳。看看下面這兩位世界級的成功人士怎麼做，你就能明白箇中道理：

人們常用「深度傾聽」這四個字來形容華倫．班尼斯，他是南加州大學領導學院的創辦人。他可能會是你所遇過最有趣的人，但是當你和他在一起時，他更感興趣的其實是你，不管你是泊車小弟或是谷歌執行長，都一樣。

最近我受邀參加他舉辦的餐會，見識到他的這項長才。與會的人都是他的好友，每一個都是聰明、有見地、很活躍的人，不過原本有趣的談話慢慢變成激烈的辯論，一來一回當中，這些聰明人原本還會為彼此鼓掌喝采，但是到最後每個人只在乎自己接下來要講什麼，根本都沒在聽別人的論點。

在整個辯論式的交談過程中，華倫都全神貫注地聽著，一句話也沒說，在各方停頓下來思索下一步的反辯時，華倫終於開口對著一個比較激動的友人說：「比爾，你剛才提到的那個哲學家，可以再多說一些他的事嗎？」華倫沒有加入辯論，但是為其中一位忙著爭辯的人提供了喘息的空間，整個討論的氣氛當下就改變了。

再來是吉姆．柯林斯（Jim Collins），他也是個十分有意思的人，他出版過一本史上最成功的商管書《從A到A$^+$》，已翻譯成三十五種不同語言的版本，還獲頒史丹佛大學的傑出教學獎，他曾經攀登上非常難爬的酋長岩（El Capitan），這是世界上最高大的獨體花崗岩，也因此加入攀岩聯盟。二〇〇五年十二月一日，柯林斯在《*Business 2.0*》雜誌上寫了一篇名為〈我的黃金原則〉（*My Golden Rule*）的文章，他解釋了為何不要逢人就說個不停的原因：

我從約翰．賈德勒（John Gardner）那學到這條重要的黃金原則，賈德勒是優秀的公民領袖，他在短短三十秒內就改變了我一生。賈德勒是共同目標（Common Cause）的創辦人，在詹森總統任內擔任健康、教育暨福利部部長，出版過諸如《自我革新》（*Self Renewal*）等這類經典書籍，他生命的最後幾年任教於史丹佛大學。在我剛從事教職那幾年，大約是一九八八或是一九八九年，有一天賈德勒要我坐下來聊聊：「吉姆，我發現你花太多時間想當個有趣的人，為什麼不把心思放在對別人感興趣上頭？」

如果你想要在晚宴時找到有趣的話題，就先對他人講的話題感興趣；假如你想要找到有趣的寫作題材，先對周遭的人事物付出關心；想要結交有意思的人，先對遇到的人產生興趣。去關心他們的人生、他們的故事。他們從哪裡來，是何種機緣促使他們出現在這裡。他們有什麼長處？練習去關心別人，你會從他們身上學到許多，幾乎每個人身上都有說不盡的有趣故事。

華倫．班尼斯如此有智慧，還有我們不可能不提到的卡內基，老早就知道箇中道理。年輕一點，聰明尚多於智慧的吉姆．柯林斯和我們則還在學習。想要贏得友誼，並且能夠對優秀的人才產生影響力，你必須認眞聽他們說話，而不是自顧自地設法讓自己留下好印象。

從大腦科學的觀點來看也是如此，你對別人愈有興趣，便能消除愈多的鏡像神經元受體不滿足，這是一種希望自身的感受能被外界倒映的生物性渴望（詳見第二章），你愈能滿足它，對方愈感激你。所以，別再死心眼想要去當個有趣的人，**只要對別人有興趣，在他們的眼中你自然就會是個有趣之人。**

「有趣」的蠢蛋

我再舉一個例子幫助你們了解這一點的重要性。節日到了，信箱裡塞滿親朋好友寄來的賀節卡片，你在一大疊卡片中挑出一封，裡面是這樣寫的：

鮑伯和我今年帶小孩去祕魯的失落印加古城馬丘比丘（Machu Picchu），真是回味無窮！我們在舞池跳舞，一邊還有現烤的歐式麵包。我們很瘋狂吧，難道我們的慈善工作還不夠忙嗎？（上個月醫院頒發了年度最佳志工獎給我，一點都不令人意外呢！）鮑伯最近升上副總裁，是公司有史以來最年輕的一位；傑西的足球隊在州比賽拿到冠軍；然後布蘭蒂在演出《胡桃鉗》時，全場觀眾都起立鼓掌，我們既驕傲又感動，她真的有遺傳到家族的戲劇細胞！希望你們一切安好……下一次我們到你們那裡時希望能約個時間聚聚。

接著，你又讀了來自另一位朋友的卡片，潦草的字跡寫著：

嘿，最近好嗎？奈特和我前幾天想到你，因為我們看到一台破車和你大學時的那台很像，你後來是怎麼處理掉的？（重點是開著那台破破爛爛的車怎麼還有辦法把到那麼多妹？）

我們很想到城裡一趟，請你們出來吃個午餐，很想念你的孩子們。麗莎有申請到茱莉亞音樂學院嗎？我們常播放她去年表演的音樂帶來聽，每次都起雞皮疙瘩，歌聲真是太美了，告訴她我們等不及要在百老匯看她表演。

我們過得不錯，孩子很乖。奈特和我還是一樣努力工作，只可惜賺不了大錢，但至少做得開心。祝你們佳節愉快，想你們！

比較這兩張卡片，你是不是覺得第一張輕鬆就拿下「我比較有趣」的勝利？實力懸殊。寫第一張卡片的人有錢、喜歡的東西很酷，人聰明又到處旅遊，在很多方面顯然比較像在人生勝利組。相較之下，寫第二張明信片的朋友就過得比較樸實，在「我比較有趣」的競賽中肯定輸得很慘。

事實並非如此，他們其實贏得很徹底，爲什麼？因爲他們對「你」感興趣，下次他們到你的城鎮時邀你共進午餐，你應該會說好；但換成第一對夫妻來電，你很可能會推托：「嗯……不好意思，我們這星期會不在家。」掛上電話還會鬆一口氣。這對夫妻最大的問題就是太用力想當個有趣的人……，結果，反而變成討人厭的蠢蛋。

在面對面談話時，道理也是相同。你愈努力要讓對方覺得你很棒、很有魅力或是很有才華，對方反而會覺得你無趣或是自大，尤其是當對方連故事都還沒講完，你就急著插嘴說自己的事。

如果你需要溝通的是高階人士，把心思放在當個有趣的人更容易踢到鐵板。企業執行長與其他很有成就的人通常都自認有趣，他們所敬重的那些人也是。如果太急於要讓他們刮目相看，就很像是在關老爺面前耍大刀，只會讓對方拒你於門外。

對別人感興趣不能做作，要發自內心

眞誠是裝不出來的，對別人有沒有興趣同樣假裝不了。既然如此，就不要多此一舉了。你愈想打動一個聰明的成功人士，就愈需要發自內心對他們感興趣。

我最近跟一位保險業務員與一位女律師共進午餐，業務員年約三十五，律師三十初頭。業務員問的每個問題都很得體，他問律師是哪裡人，爲什麼會想從事這份工作，最喜歡工作的哪個部分，怎樣的客戶才算是最好的客戶？

我對他這麼懂得應對進退印象很深刻，女律師也很有熱情地回答每個問題。這名業務員唯一的問題就出在：問題問得不夠眞誠，很像是在背誦腦海裡的教戰守則。對於與我們一起用餐的這名年輕又涉世未深的女律師來說，業務員這麼做勉強過關。但如果面對的是經驗老道的老江湖，一聽到天花亂墜雷達就會嗶嗶作響，很可能老早就揭穿業務員的不眞誠，把他生吞活剝了。

那麼，要怎麼做好對別人感興趣，而且又是要發自內心呢？**第一步，不要再把對話想成是網球比賽**（對方得一分，你就要趕快追上一分），**反之，把對話當成是偵探遊戲**，目標就是要盡可能地了解對方。可以先假定對方有一個很有趣的祕密，而你要竭盡所能地挖出它來。

這麼做時，你想挖出祕密的熱誠會在眼神和肢體語言中流露出來。問的問題自然可以讓對方講出有趣的內容，而你也不會想盡辦法要占上風，想去講一個更有趣的故事。你會仔細傾聽，而不是去想接下來要講什麼。

第二個關鍵是，你問的問題要讓對方覺得你想知道更多。當然，要先讓對方打開話匣子，你才有辦法對他的話表現出感興趣，這並不容易做到。在商業的場合中，我發現問下列問題是最有效的方式：

- 「你是如何進入這一行？」（這個問題要感謝洛杉磯的傑夫．基查文（Jeff Kichaven），他說這個開場白從未失敗過，每個人都會講個不停。）
- 「你最喜歡這份工作的哪一點？」
- 「對你的事業（生意、人生等）來說，哪件事對你很重要，是你想要完成的？」
- 「爲什麼這件事對你很重要？」
- 「完成這件事，對你來說有何意義，可以讓你有何作爲呢？」

在比較私人的場合，像是參加派對或是第一次約會等，下列問題通常可以得到對方眞誠的回答。

- 「教孩子踢足球（出差不在家……）最棒（最慘）的地方是什麼？」
- 「誰在你人生中影響你最大？」
- 「他是你最感激的人嗎？如果不是，那是誰？」
- 「你有機會謝過他嗎？」（如果對方問你爲何要問此問題，你可以說：「我發現在聽人們表達心中的感謝時，可以看到他們最好的一面。」

「請想像一個你認爲完美的人生……那是什麼模樣呢？」（這個問題要感謝洛杉磯的人資專員莫妮卡．爾基迪(Monica Urquidi)。如果對方問你爲何這麼問，你可以回答：「我覺得了解別人的希望與夢想，可以看出他們所重視的事情，知道這些很有趣，對吧？」）

對於初次見面的人，我會試著問些問題讓對方用「我覺得」(I feel)、「我想」(I think)、「我會」(I did、I do)來回答（我稱之爲FTD溝通）。當別人問我的問題會使我以上述方式回答時，就會覺得對方特別懂我。與我們自己說出我覺得、我想、我會時的感受不同。所感、所思與所爲是我們之所以爲我們。當別人讓我們有機會同時表達這三者時，就會覺得滿足與感激。

最終，你問的其中一個問題會卸下對方的心防，對方的身體會前傾，熱切地講著他的想法。此現象出現時，請做出正確的回應：閉上嘴巴。認眞地聽、一聽再聽。當對方講完時，你再拋出問題，顯示你有認眞聽、也在乎他所講的話。

舉例來說，如果對方告訴你，大學的數學教授影響他良多，以及何以對他會有這些影響。不要他一說完，你就長篇大論聊自己的老師和教授們。而是要繼續提問：

「我很好奇你爲什麼選擇那間學校？」或是「那位教授後來怎麼了？你們還有聯絡嗎？」

另一個表示你對別人所說感興趣的方式，是在對方講完時做個簡要的複述。如果對方講的是上回衰到爆的旅行，你可以重述故事中最高潮迭起的部分：「天啊！你摔斷腿還能趕上飛機，眞是了不起。」（如果對話中有機會請對方提供建議，也是很理想的作法，比如說：「眞厲害，所有花花草草都是你自己種的，那麼，薰衣草要怎麼種才能長得漂亮？」人都好爲人師，因爲這樣可以顯得自己聰明又有趣。）

如果你能巧妙並且眞誠地做到這些，對方到頭來就有可能對你的傾聽心生感激，因爲世上太少願意傾聽的人。此時，對方就可能回饋你，對著你說：「那你呢？」

這就是你要創造的大勝利，對於你所付出的眞誠，對方給予回報，並對你有興趣。

「我有問題。」在主持人還沒宣布可以提問，甚至還沒在腦袋中想出怎麼問之前，我就脫口說了。

我到洛杉磯威須爾區的史泰普（Staples）文具量販店參加一場大型講座，目的就是要當第一個向史泰普創辦人暨執行長湯姆．史泰柏格（Tom Stemberg）提問的人，但這必須是一個史泰柏格希望我問，而聽衆有興趣了解的問題。

派屈克‧漢瑞（Patrick Henry）是我的工作夥伴，他是南加州大學創業學院的教授，也是建立人脈的箇中高手，他曾經說過要打動重要人士最好的方法，就是在他對著一大群聽眾演講完之後當第一個發問的人。派屈克認為，這樣的舉動會讓聽眾欽佩你率先破冰的勇氣，演講者也會感謝你起身熱場，並且讓他免於落入無人發問的尷尬場面。

不過這還是有訣竅的：要懂得提出好問題！

我的腦筋動得很快，現身在兩百多個電視與廣播節目的轉播台上，麥克風不用五秒鐘就傳到了我這個來賓手上，但這時間已足夠我想出問題。我很快地思索：「什麼問題是聽眾和我會感興趣，演講者也樂意回答。」接過主持人遞來的麥克風，就有如接到賽跑的接力棒，那一瞬間我已有了答案：「史泰柏格先生，如果可以重來，你會想做什麼改變，來免去後來生涯中出現的一堆麻煩？」

史泰柏格是一位傑出的企業家，但是那天他看來活像是離開水的魚，非常不自在。聽到我的問題之後，他的臉出現了光采，顯然這個問題引起了他的興趣。

他很有熱情地回答：「我會多等一段時間再接受創投公司的資金，我那時沒料到，當你有了好點子而且投資圈又聞風而至時，你在草創初期會平白招來競爭對手。如果可以重來，我會晚一點引進外部資金，給自己充裕的空間起步，才不會剛創業就跑出二十五個競爭對手必須打敗。」

有人也想回答這個問題，但是史泰柏格欲罷不能，又把麥克風拿了回來，回答得更熱切了：「「還有一件事，我們在提供宅配服務方面落後別人，我們很自豪能夠客製化產品和服務來滿足不同的需求，但沒想到的是女祕書們大概不喜歡搬著裝滿影印紙的箱子上下樓梯，辦公室補給站 (Office Depot) 公司在這方面搶先一步，不過我們會迎頭趕上的。」

如同派屈克所預料的，聽衆和史泰柏格都很感謝我的提問，而且史泰柏格是面對著我回答了問題，這讓我有機會可以在事後寫信給他繼續聊聊這場演說，他也因此記住了我。

我的方法奏效，因爲不像大多數的人，提問是想表現自己很聰明、機智或是很厲害。我問了史泰柏格想要回答的問題，此問題讓他在聽眾面前成爲有趣的人。對史泰柏格來說，我不再只是人群中一張不會被記住的臉，我敢說，他會覺得我是一個很「有趣的人」！

智慧帶著走

衡量自信的標準，在於你對別人感興趣的程度有多大、有多真誠；衡量不安全感的標準，則在於你有多想讓別人對你刮目相看。

行動藍圖

首先，挑兩到三個你覺得超級悶的人，目標是要從這幾個人身上挖出有趣的事情。反過來，再挑選一個你認為有意思的人，一個你希望他能更喜歡、更尊敬你的人，當機會來的時候，像是在派對或是會議上碰到面，問些問題讓對方覺得你對他感興趣，而不是刻意表現出你是一個有趣的人。

加分妙法

有另一半或同居室友嗎？有的話，晚上共處時關心一下對方：「你最近那個專案（新菜實驗……）後來進行得怎樣？」對方不僅會覺得你在乎他，也關心他的人生，記得要發自內心感興趣。問完之後認真傾聽，對方會更窩心。

原則⑤

讓對方覺得自己很重要

人人的脖子上都掛著一張隱形的牌子，
上頭寫著：「讓我覺得自己很重要。」

——玫琳．凱．艾須女士 (Mary Kay Ash)，玫琳凱化妝品直銷公司創辦人

這章一開頭，我要告訴各位一件大家都已經知道的事，接著再告訴大家一件聽起來很瘋狂，但其實是正常不過的事。

準備好了嗎？

「凡人都需要覺得自己很重要」這是你我皆知的事情，受重視就跟生存需要食物、空氣和水一樣。而且不只是內心覺得自己很重要就好了，更希望能從周遭的人眼中看

到「我很重要」的訊息。

讓人覺得自己有價値，跟對他感興趣、或是讓他覺得被懂得並不一樣，這是更深一層的關心。讓人覺得有價値，便給了他迎向每一天的動力，讓他知道「有你眞好，你是這個家庭（公司、世界）上不可少的一份子，因爲你，事情變得更好。」

讓別人覺得自己很重要，你等於是送了他一份無價之寶，他會對你心存感激，甚至想爲你赴湯蹈火。這也是爲什麼情緒智商高的人，會想方設法讓他們所重視的人感受到自己的重要性，不管是父母、孩子、老闆或是經常合作的同事都一樣，會讓他們了解「因爲有你，我的生命更開心、更有趣、更穩定、更輕鬆、更安心……一切都更美好了」。

雖然這算是常識，但是知道這些對你的人生有幫助，我想到目前爲止，我講的一切都還算可以理解和接受。

不過，這是簡單的部分，接著我要說件你比較難接受的事，我要你勉強一下自己，**讓你討厭的人也覺得自己很重要**，我是說那些愛抱怨、愛發牢騷、會阻礙你的麻煩人物等。

我想，你這時應該在大叫：「你瘋了嗎？我爲什麼要讓那些搗亂生活的人覺得自己很重要？他們才不重要！」

答案很簡單，這些難纏、愛生氣、很難取悅的人都有一個共同點：**他們覺得這個世界對他們不夠好**。追根究柢，這些人通常覺得自己不被重視，自己平凡到了極點，原因通常是出在他們不討喜的個性，所以阻礙了通往成功之路。

在第二章提過，人類的大腦會倒映別人，以及希望得到倒映。愛抱怨又老會惹麻煩的人，通常都有比較嚴重的鏡像神經元受體不滿足的症狀，別人愈不肯接近他們、愈忽視他們，情況就會愈糟。這些人每天都努力要讓別人刮目相看，或是贏過別人，但是卻老是得不到他們渴望的東西，如果以尋常管道無法獲得渴求的關心，他們就用搞破壞來引起關注〔這可以稱爲塗鴉原則（Graffiti Rule）〕。

簡而言之，這些人把你逼瘋的原因很簡單：他們需要感覺到自己的重要性。想要他們停止這些討厭的行爲嗎？那就滿足這個需求吧。

舉個例子，前陣子我跟一位中階的經理人在辦公室裡密談，這位經理叫珍妮特。在聊天的過程中，有一位全公司公認很會浪費別人時間的助理衝進來，跟珍妮特說：「我現在急著要和你談談！」

助理囉囉嗦嗦地講完一件無關緊要的瑣事後離開了辦公室，珍妮特向我抱怨這個助理常爲了芝麻綠豆般的小事來煩她，爲了不想火上加油，她通常不太回話。在助理講個不停時，珍妮特就靜靜看著她，心裡頭很不耐煩。

我建議她：「下次助理再來找你時，在她講完幾句話後堅定地打斷她，說：『你現在說的話很重要，我需要專心聽，但是現在手邊有事要忙，我無法分神，請你兩個小時之後再進來，我會撥五分鐘認眞聽你講完並且幫你解決掉問題。不過，在這兩小時之中，請你仔細想想你要說的話，希望我做的事，以公司的現況來說是否做得到。還有，對這件事所牽扯到的每個人是否公平，然後跟公司接下來要完成的目標是否相衝突。把這些事情想清楚，我會很樂意幫你一起解決。』」

幾天後，我又有機會和珍妮特講到話，她說試用我的建議後，助理沒再來煩過她了，現在一切都很順利。

我跟珍妮特解釋，很多問題人物都很在意自己對公司不重要，所以借題發揮，爲的是抒發，但是主管的一句「你很重要」就會大有助益，撫平挫折感。我還告訴她，愛抱怨的下屬通常不會自己想得出解決方案，因此當你要他先有解決的腹案（很合理的要求）再來找你談，他通常就會放棄，覺得算了甭再提了。

用這個方法來應付職場上愛惹事生非的人很管用，在其他的生活領域一樣奏效。舉例來說，如果有一個鄰居很愛找你吵架，或是親戚很愛找你麻煩，通常是希望你能注意他們，或是感謝他們（否則就不會這樣表現），那就滿足他們的需求吧。

舉一個非常普遍的狀況爲例，可以更清楚這個方法怎麼運作：重要節日時不免會邀請親戚到家裡用餐，但是你很不想邀請某位「小叔叔」或「大阿姨」，因爲他們講話老是帶刺，很容易跟其他客人吵起來，動不動就發火，惹得別人很不開心，但是又非得請他們不可。你覺得這是一個無解的問題嗎？其實一點也不難，只要事先擬定計畫，用「您」（加上「重要」這個關鍵詞）這個字眼，就會產生神奇的效果。

作法如下：在聚餐的前一星期打電話給每一個「問題人物」，如果你是有另一半的女生，可以請老公或男朋友打這通尋求幫忙的電話，因爲男生開這種口，對方比較不會有戒心。跟小叔叔說：「我想請您幫個忙，節日聚餐又要到了，這種場合一定要有您在場。大家平時都忙，只有節日才有機會說說話，所以就算有人生了大病、最近丟掉工作，或是財務出狀況，我們也很難察覺。這樣一來，聚餐時就會有點尷尬。您是聚會中很重要的熟面孔，想請您在大家抵達時問候他們、卸下他們的心防，看看他們和家人是否安好，或是有沒有什麼新鮮事。」

如此得體的舉止，讓這些自認被上天遺棄的人覺得自己好重要，他會感到受寵若驚，而且不會再全身是刺。他很難推辭，說：「不，謝了，我要再像往年一樣到處找碴，讓每個人都不開心。」

到了聚餐當晚，記得要在門口迎接每個問題人物，碰碰他的手臂說：「今晚就靠你了，希望你可以讓每個人來了之後都覺得開心。」在他有機會回應：「不好意思，不過我得去處理別的事」之前，趕快藉故落跑，就讓你新任命的親善大使去散播歡樂與溫暖。而你一定會很訝異，他完全夠能勝任這項工作。

每次節慶聚餐都這樣做，你會發現問題不再是問題。原本的麻煩人物現在成了最得力的盟友，他們心裡會想：「至少有人欣賞我耶！」，並且會盡一切努力讓你的餐會成功圓滿。

從這可以學到什麼？身邊的那些好人需要別人說他們很重要，也值得你這樣肯定；至於那些麻煩人物，也許不值得別人誇讚，卻更需要你這麼做。滿足這兩者的需要，讓他們覺得自己舉足輕重，他們就會回過頭來幫助你。

智慧帶著走

每個人都在爭取別人的時間，然而，一個人的重要性不該還得靠爭取而來，我們都該讓別人知道他很重要。

行動藍圖

挑出一個在你的工作或生活中一直無中生有找麻煩的人，下次當他再度抱怨時，請這麼說：「你要說的事情非常重要，我希望你可以負責想出解決之道。有想法時，打電話給我，我們再見面討論你的解決方案，很感激你的幫忙。」

下一步，找幾個你很重視但可能覺得自己受忽略的人，打電話或是寫信，讓他們知道他們在你的人生中舉足輕重，或是給他們一個「用力感謝」（詳見技巧12）。

原則 6

幫助別人找到情緒與情感的出口

有時候一整天下來，
最要緊的事不過是兩個深呼吸之間的休息。
——艾蒂．伊勒桑（Etty Hillesum），《艾蒂》作者（本書為後人將其在集中營的日記集結而成）

「噓，仔細聽！」我態度堅決地告訴艾力克斯，他是一個四十多歲、極度緊繃的主管，坐在我面前足足講了十五分鐘，所有他得做的事、還有在前頭等著的截止期限……，一直講個沒完。

突然叫停讓他有點嚇到，訝異地問道：「聽什麼？」

「聽那片寧靜啊。」我回他。

「啥？」艾力克斯有聽沒有懂。

「那片寧靜啊，它位在你腦袋中的噪音與生活中的噪音之間，現在正對著你和我尖叫，要我們仔細聽。」

「啊？」他還是很困惑。

「閉上眼睛，」我引導他遵照我的指示：「用鼻子慢慢呼吸，一會兒後就可以聽到。」

隔了幾分鐘，艾力克斯開始掉淚哭了起來，足足過了五分鐘才得以控制自己的情緒，他張開布滿血絲的眼睛，臉上帶著微笑。

我問：「感覺如何？」

艾力克斯有點不好意思地笑了：「這是我一直想要達到的境界，但是我付出的所有努力……眞的是所有的努力，都只是把我推離得更遠，眞是值得好好想想啊。」

他於是繼續坐著沉思，思考在這當下所感受到的內心平靜，思考必須怎麼做，才能在生活中發掘更多這樣的平靜。因爲這讓他得以釋放壓力，而不是一味宣洩。

把人帶離壓力

壓力並非不好，壓力可以使我們專注，下決心、有勇氣；但是當壓力過頭就會變成痛苦的來源。讓人無法認清長遠目標的重要性，心思全用在解決燃眉之急。過於急迫地想找到緊急出口釋放壓力，就管不到自己是否夠理性。

前面提過，要讓對方覺得自己被了解，但是在面對因巨大壓力而感覺痛苦的人時，這很難做到。萬一遇上了，第一步必須先幫助對方跳脫當下的大腦狀態，調整到可以聽進你說的話。

亂無章法地想要說服處於痛苦狀態下的人，可能會使他們壓力更大，結果反而釀成災難。這就是為什麼很多跟綁匪的談判最後會破裂至不可收拾，在日常生活中，這也可能使你失去客戶訂單或是毀掉人際關係。走錯一步，這些瀕臨崩潰邊緣（或早已崩潰）的人可能會有如下的反應：

- **衝動行事**。「那就接招吧！」：也許還會飛來他丟的訂書機、揮一拳過來等等，這是杏仁核沸騰而遭劫持的結果（詳見第二章），杏仁核關掉大腦主導理性的區塊，而使行為失控暴走。
- **發洩**。「你一點也不了解我！」：想要跟一個正在發洩中的人講理是行不通的，變成你也得自我辯護或是反駁他的說法。
- **壓抑**。惡狠狠地咬著牙回應：「一切都很好。」：選擇此種做法的人會拒你於千里之外，不會打開心房歡迎你。

但是還有另一個選擇，如果你能夠引導對方，找出方式幫助他們釋放壓力，他們就不用在此三個選項中打轉。只有在釋放壓力時，對方才能觸及自己的感受並且表達出來，就好比在處理傷口時需要先引流出血水與膿水，才能癒合，才能不要攻擊別人或是傷害自己。如此，對方才有可能放鬆，並且打開心房聽取別人的建議。也唯有如此，你才有機會消除壓力的源頭，一勞永逸。

當你爲痛苦的人創造了一個「呼吸空間」，一個呼出情緒的空間。你不僅是讓情況回歸常態，而且是獲得了改善。因爲在讓對方平靜下來的同時，你也建立起你們之間的溝通橋樑，現在訊息得以雙向傳遞了。

威廉斯先生是我執業早期的一位患者，那時剛診斷出罹患肺癌，已把兩位想要和他討論生病心情的心理醫生轟走。

「你一定會愛上這個傢伙的。」腫瘤科醫生在我們一起走向病房時語帶諷刺地說。進去之前，我悄悄先瞄了一下裡面的情況，看到他漲紅了臉，生氣地坐在病床上，一副有哪個心理學傢伙斗膽跟他討論病情，就要扭斷對方脖子的模樣。他無法接受自己罹癌的事實，誰能責怪他呢？他的確需要心理諮商，卻頑固地不肯接受。

心想如果就這樣走進去表明自己是心理醫生，無疑是拿自己安危開玩笑，不行，不能冒這個風險。靈機一動，即刻跑去行政處請他們幫我另外做一個名牌，寫著：「馬克．葛斯登，腫瘤科醫生」，把原本的心理醫生名牌取下來塞進口袋，掛著它等於自找罪受。我告訴自己等下得表現得專業一點，像個真正的腫瘤科醫生，一想到這樣，把背挺得更直了。

我走進威廉斯先生的病房，腦中不斷提醒自己講話要像個腫瘤科醫生，開口說：「你好，威廉斯先生，我是葛斯登醫生，是腫瘤科治療團隊的新成員。」接著開始問他最近好不好，有沒有什麼煩惱等，我幾乎可以確定他眼裡閃著事有蹊蹺的狐疑眼神，雖然繼續假裝鎮定，但威廉斯先生一副要揪出我真面目的樣子。

有一瞬間我們雙眼互視，我知道他就要大聲喝斥，趕我出去了，我也知道如果心虛地把眼神往下看或是轉開，我就輸了。因此，我堅定地直視他的眼睛，我從他那哀傷又憤怒的眼神中，看到了許多情緒閃過。不知道是哪來的衝動，我開口問他：「生這病的感覺有多糟？」

他接招並回擊：「你不會想知道！」

我頓時啞口無言，後來竟也開口說了：「你說的可能沒錯，我也許不會想知道，但是如果沒有別的人快點了解你的感受，我看你就要瘋了！」

我被自己的話嚇了一跳，尤其這話是對著一個生重病的人所說。我持續看著他的眼睛，不知道他會如何回應。他回瞪著我的眼神同先前一般激烈，後來突然咧開嘴笑了，說：「都已經生病了還能怎樣，拉張椅子來坐吧。」

他開始告訴我他有多生氣、多害怕，這樣一聊，他釋放了更多的難受情緒。這番對談的結果，威廉斯先生開始肯跟醫療團隊配合。醫生告訴我，他甚至要求不要給太多止痛藥。我也從敵人變成一個威廉斯先生會主動傾吐恐懼等諸多感受的對象。

引導對方釋放情緒

初次見到威廉斯先生時，我不需要問他是否痛苦，是否快要崩潰，不需他說我也知道，因爲這些全寫在他生氣的表情和肢體語言上：緊繃的肩膀和交叉環抱的手臂，一副就是在大喊「滾開」的模樣。

當你在需要溝通的人身上看到這樣的肢體語言，講道理就不是行得通的方法，溝通不可能有進展，除非你能先幫助對方釋放情緒。你無法逼對方這樣做，但是你可以讓他自己「想要」這樣做。

舉個例來說明，假設你和主管迪恩產生衝突，他在辦公桌的對面直盯著你，雙手交叉環抱在胸前、眉頭緊鎖。要他釋放情緒最好的方法，就是讓他放下胸前的手臂，如此心裡的那雙手臂也同樣會放下。記住，如同髖骨與大腿骨相連一樣，心裡的手臂與實際的手臂也是如此。只要能讓對方放下手臂，他心裡的防衛自然會卸下。

要達到此目的，你可以問主管一個會讓他很激動、或是引起很大情緒反應的問題（這正是我爲何會很不合理地說話刺激病重的威廉斯先生）。你的主管交叉手臂是因爲光是講話不足以表達感受，需要藉助肢體語言來加以強調。就好比我們會看到有些人在講電話時也在比手畫腳，即使對方明明看不見。

當你的主管放下手臂，轉而用手來溝通時，心防也會就此卸下。問題來了，在心房初打開之際，你是沒有可趁之機的，因爲會有一波攻擊先從裡頭衝出，對著你來。下列是你應該做的：

① 不管迪恩說什麼，給他充分的時間表達。當人在發洩、抱怨、發牢騷時，是想要避免杏仁核遭劫持，以免用「或戰或逃」的本能來反應而造成大麻煩。在他

們加速滅火時，不會希望受到干擾。就好比在高速公路上塞了好久，終於有洗手間能用時，在解放結束前，誰都不會想被攔下來。所以，在別人宣洩、抱怨的情況下，最好的作法就是什麼都不做，也不要打斷。

②不管迪恩說什麼，都不要小題大作，不要被激怒而開始辯論。

③待他發洩完，你們雙方都會筋疲力竭。切莫以為這是可以放鬆的時候。兩者的差別在於當人筋疲力竭會覺得空虛、疲累，聽不進別人講的話。在此空檔，看起來很像是該你講話的時候，實則不然。這是菜鳥常會犯的錯，如果你此時就開始滔滔不絕，迪恩會因為太累而聽不進去。

所以要先暫停，直到他開始對你傾吐，此時你只需簡單地回應一句：「再多說一些。」這樣做有幾個正面作用：

- 當迪恩發現你並沒有要跟他爭辯，敵意自然就會降低。你沒有打算要進攻，他就無需反抗。
- 「再多說一些」傳達的是你有認真聽他說，也了解他的困擾。他就不會抱著你一定會對他方才的發火有所回敬的偏執想法。

如果你不對迪恩說的話小題大作，他就可以開始釋放情緒。你可以從他的姿勢、表情，甚至是呼吸察覺到轉變，他放鬆了，也放掉了痛苦的感受。

如果你能讓迪恩釋放情緒，並且懂得他的感受，他會覺得安慰，並且對你產生感激之情，會想要回報你。原因何在呢？同樣是第二章所提到的鏡像神經元的作用，當你卸下別人的肩頭重擔，對方會想要做類似的事來倒映你的行爲。

有時候你可以幫助正在發洩的人直接進入釋放階段，只要時機恰當時，你可以說：「閉上眼睛，深呼吸。」（這是我幫助艾力克斯的方法。）這會啓動赫伯特．班森(Herbert Benson) 所說的「放鬆反應」(relaxation response)，班森是心靈暨身體醫學領域的先驅，此種反應跟練習靜坐時產生的放鬆效果相同。此時的心理狀態會使你心跳變慢，新陳代謝、呼吸頻率與腦波等也跟著放慢，與處於「或戰或逃」狀態下的反應完全相反。身體開始釋放讓你感到平靜的化學物質，讓你有辦法釋放情緒並且「傾聽那片寧靜」（當小孩或是青少年發洩到有點失控時，建議你可以這麼做）。

幫助人們發洩，而後能夠釋放的最大關鍵是不要打斷他。大多數人在對方發洩時會打斷他，讓這個過程發生短路，要嘛心生防衛（「又不全是我一個人的錯」），要嘛就是想要提供建議（「既然這麼討厭現在的工作，就換一個吧」），或是變得緊張而想要緩和局面（「好好好，我知道這很辛苦，接下來幾個小時先不要想它，去吃個午餐吧」）。不要犯下這些錯誤，這跟傷口引流的道理相同，釋放就是要徹底才能好得快。一旦完成，你就會得到回報，跟對方產生密切的交心，這是建立在滿溢的情緒得到釋放與感激之情上頭，你也能藉由這樣的交流讓對方聽進你要說的話。

最後，我有幾句話要告訴爲人父母的，特別是家有青少年的爸媽，只要能讓他們釋放情緒，家中的每個成員就省得抓狂。

家有青少年的人都知道，他們簡直就是外星人，在某種意義上來說，眞的是如此。青少年在面對沮喪時比大人有更強烈的生理反應，身體會釋放較多的壓力荷爾蒙，他們的多巴胺神經傳遞質和血清素的濃度也跟大人不同，於是比較容易衝動。另外，他們的神經元還在發展絕緣和修剪過多的連結，這兩個過程發展到最後，他們才有辦法像大人般成熟地思考。他們做出決定的迴路也未發展完全。由於上述的種種原因，他們面對壓力時會很快產生痛苦的情緒，無法做好判斷，也無法用成熟的方式表達感受，他們很容易就爆發、變得情緒化，或是說出：「我恨你」。

這可以解釋青少年的行爲，那麼你要怎麼辦呢？身爲父母的我們都會在教養上犯錯，我們太專橫、太過於保護孩子、太焦慮、太逆來順受……，這些錯誤會讓容易衝動與情緒化的孩子以抓狂的方式來回應父母，我們稱之爲發飆、叛逆，或是直接叫他們「混帳東西」。

如果家中有此情況，給這些老是繃著臉的孩子一個機會對你傾訴，一個呼出情緒的機會。待哪天開車載孩子出門時，問他下列問題，這樣他就無處可逃（青少年最討厭突如其來的談心，總覺得那是在說教）：

- 爸爸（媽媽或是我）最讓你覺得失望的是什麼？
- 這種感覺有多糟？
- 這會讓你想要怎樣做？
- 你後來做了什麼？

如果孩子能老實回答，你要眞誠地告訴他：「我很抱歉，我不知道我讓你覺得這麼糟。」

當你給孩子這樣的釋放機會，看到他哭也不用驚訝。更棒的是，跟在眼淚之後的可能是你們長久以來第一次沒有針鋒相對、沒有叫囂的對談。這是因爲釋放情緒可以幫助孩子控制住那個怪異、衝動又情緒化的大腦，至少是在這珍貴的幾個小時之內。

智慧帶著走

別指望音樂了，如果你想要安撫一頭野獸，先讓牠有機會釋放情緒吧。

行動藍圖

如果你想要跟長期壓抑感覺的人溝通，可以這樣問：「我曾經讓你覺得不尊重你嗎？」或是「我曾經讓你感覺懶得聽你說話嗎？」

對於對方可能會因此產生的情緒反應要有心理準備，不要打斷他或是心生防衛，就讓他盡情發洩、然後釋放情緒。到了此時，負面情緒曾造成的傷口，會有正面的情緒來填補。

原則 7

趕緊認清別人眼中的自己

最成功之人就是對自己沒有任何錯覺之人。

——巴德．伯瑞（Bud Bray），《跟著馬戲團一起出走還不遲》（*Is It Too Late To Run Away and Join The Circus*）作者

傑克是一位很有教養的稅務律師，我是指他態度溫和、脾氣好又尊重別人，幫客戶跟國稅局打交道時也很冷靜。他的事業成功要歸功於事前準備工夫都做到滴水不漏，而不是他的個性魅力。

雖然傑克向來做得不錯，他還是來求助於我，他不懂爲什麼有些能力不及他的同行可以拿到更多案子。我不一會兒就找出了謎底。

我說：「當人們雇用稅務律師來跟國稅局諜對諜，不自覺想要找的是一個必要時可以變身『殺手』的人，希望這名律師在危急時可以爲他們遇神殺神。」儘管傑克能力很好，但看來就不像個殺手。因此即使他告訴客戶能夠不負所託搞定國稅局，但是他的語氣與態度卻不能使客戶信服。

傑克認爲個性也不是說改就能改，我回他：「不需要改變個性，你要解決的只是你讓別人產生的認知落差，也就是改變別人對你的觀感。」

我建議傑克下次察覺客戶對雇用他有疑慮時，可以加一句：「喔，對了，如果決定請我幫你跟國稅局處理稅務，我想讓你知道我是殺手型的律師，但不是殺人犯喔。」

我接著補充，如果對方被你的話嚇一跳，就解釋說：「聘請稅務律師的人都會擔心沒有處理好時，國稅局會讓他們沒好日子過。他們希望找到的是可以打敗國稅局的狠角色，而我一副好好先生的模樣，有些客戶會猜我沒辦法在必要時痛宰對方，這樣想就錯了。我事前所做的準備之足連國稅局都難以招架，必要時我可以大開殺戒，雖然不會是爲了想給對方好看而這麼做。」

傑克照著我的建議去做之後效果驚人，雇用他的客戶激增，他在跟潛在客戶第一次見面會談時也更有自信。

傑克來尋求我協助的問題是什麼呢？認知失調。也就是你所認知的自己與別人眼中的你有落差。以傑克的例子來說，他認爲自己很有能力且沉穩，但是在客戶眼中的他卻是過於溫和，沒有殺傷力，除非他能帶領客戶看見他的另一面。

認知失調的情況很多，你可能覺得自己很聰明，但是別人認爲你狡猾；你覺得自己很熱情，但別人認爲你太瘋狂。發生這樣的落差時，對方就會對你敬而遠之。

還有另一種倒反的情況：我們自認對別人的認知無誤，但是對方卻不這麼想。大概沒有什麼會比下列情況更讓人抓狂的了：那就是聽到你說「我了解你的感覺」，但事實上你根本一點頭緒也沒有。這通常是因爲你沒有認眞傾聽對方想要說的話。

認知失調會讓人不再思考「這個人可以爲我做什麼？」，而會開始猜想「這個人對我有什麼企圖？」雙方無法產生交流，以神經學的角度來看，你們之間無法產生鏡像神經元倒映的同理心，因爲你無法傳遞你以爲正在傳達的訊息。對方無法倒映你所認爲的自信，因爲他感受到的是自大；對方無法倒映你的關心，因爲他感受到的是歇斯底里；對方無法倒映你的沉穩，因爲他感受到的是冷淡。當你把對方解讀錯誤，像是把合情合理的傷心看成無理取鬧，你們的關係就會岌岌可危。

認知失調是婚姻觸礁的一大主因，以羅伯特與蘇珊爲例，他們是一對三十來歲的年輕夫妻，來找我是因爲羅伯特如果要晚點回家吃晚餐，不會事先打電話跟蘇珊講一聲；而羅伯特則認爲蘇珊是個太過嚴謹的控制狂（聽起來是不是很像你認識的某人？）。

在他們講話時，蘇珊動不動會指責老公：「你『從來』不打電話讓我知道你什麼時候回家，都不懂得替人著想。」

羅伯特反駁：「你眞是咄咄逼人，控制狂一個。」

後來我制止他們，問他們聽到對方說了些什麼？他們這回倒是看法一致：「我是對的，錯的全是你。」

我回說：「眞的嗎？你們眞的是這樣講？」

蘇珊看著我說：「不，這才不是我的意思。」羅伯特也這麼說。

「那你們到底是要講什麼？」我問。

這對夫妻回道：「我要說的是，錯的不一定都是我！」

「所以你們只是忙著爲自己辯護，並不是在攻擊對方，是嗎？」

「當然。」雙方都同意了。

「所以，每次你們在躲避攻擊時，對方都會覺得你是在出招攻擊他！」

羅伯特笑了出來，了解到每回的情節說穿了就是如此，有點悔恨地說：「是啊，我們還落得需要花好幾千元來請人看懂這回事。」

認知失調最大的成因是，當人感到最無力時通常會表現出最糟的一面。所以，不論是老公對著老婆、老闆對著下屬、顧客對著客服人員大吼，還是小孩與父母互相叫罵，都是因爲失控的一方覺得自己的話沒被聽進去，或是不被當成一回事。換句話說，叫罵的一方不覺得自己可怖又可怕（然而這正是另一方的認知），反而覺得自己力不從心與渺小無比。這是認知失調最極端的狀況，通常結果都會慘兮兮。

認知失調使你無法跟別人溝通；同樣地，別人也無法跟你溝通。如同蘇珊與羅伯特遇上的，認知失調足以造成婚姻的裂痕；謙遜有禮的傑克則發現，工作也會因而受拖累。所以各位務必找出自己予人觀感的失調之處，並趕快校正。

在我的經驗裡，造成認知失調的十大常見誤解如下表：

自以為	⟷	別人則認為你
❶ 精明		❶ 狡猾
❷ 自信		❷ 傲慢
❸ 幽默		❸ 不得體
❹ 精力充沛		❹ 歇斯底里
❺ 有主見		❺ 固執己見
❻ 熱情		❻ 衝動
❼ 堅強		❼ 嚴肅
❽ 注重細節		❽ 吹毛求疵
❾ 安靜		❾ 消極／優柔寡斷
❿ 敏感		❿ 過於依賴

問題來了，那你要怎麼知道別人對你的看法？答案很簡單，但可能讓你覺得不自在：就是開口請教「專家」，也就是你的親朋好友。這一點都不好玩，你的臉皮必須要夠厚。最快找出認知失調的方法就是挑兩到三個誠實的人（最好是直率到有點粗線條），請他們說說你最糟糕的特質。這幾個人要夠了解你，而你也能信任他們的判斷。

通常，再直率的人也會有點遲疑。所以要讓他們坦言的話，不要開口就問：「我有哪裡讓你覺得很煩或是冒犯到你嗎？」因為他們只會以一句「沒有」帶過。你可以提供一張清單並說：「請幫我挑出前三個我會惹到別人的特質，用一、二、三來排序標示。」下列是你可以列出的特質：

- ❏ 傲慢
- ❏ 歇斯底里
- ❏ 過於依賴
- ❏ 太過武斷
- ❏ 衝動
- ❏ 嚴肅
- ❏ 挑剔
- ❏ 消極
- ❏ 優柔寡斷
- ❏ 要求很多
- ❏ 很難相處
- ❏ 沉悶
- ❏ 太敏感
- ❏ 狡猾
- ❏ 靠不住
- ❏ 感情用事
- ❏ 粗魯
- ❏ 害羞
- ❏ 悲觀
- ❏ 莽撞
- ❏ 過於自得意滿
- ❏ 心胸狹窄

如果你請三個人做這件事，很有可能看到重複出現的項目。舉例來說，如果有兩個人都把「莽撞」列在第一位，那就相信他們吧，即使你很確信自己並非如此，對方很可能會婉轉地說：「其實你也不是眞的會這樣，只是……有些人可能會覺得你有點莽撞，我是不會這樣想啦，但有些人可能會這麼覺得。」朋友如果這樣說，你也不要自欺欺人，他們眞正要表達的是：「沒錯，你就是很莽撞。」如果朋友會這麼說，那可能就是事實。

如果心臟夠強，可以請他們再深入描述這些缺點，你可以問：「我做什麼會讓人覺得莽撞？」、「這有多常發生？」或是「如果我改說……或……，會不會比較得體？」（千萬別跟他們爭論，或是用他們的說法來反駁他們，不然，你就得在清單上的「心胸狹窄」這一項打勾了）。得到答案後，請在接下來的數日或是數星期留意自己跟他人的互動，找出你的評論團所指出的那些行爲。一旦可以察覺，就有辦法改正。

這樣做之後，你會發現要跟別人溝通變得比較簡單了。因爲認知失調會讓人無法清楚思考（「那個人就是讓我沒辦法信任或喜歡他」），而一直卡在抗拒你的階段，消除此種失調，不信任感通常也會隨之瓦解。

前饋

有一個好方法可以克服你所找出會造成認知失調的那些缺點，知名的領導力教練葛史密斯（Marshall Goldsmith）稱之為「前饋」（feedforward）。是這麼做的：

首先，先挑出你最需要修正的行為（比如說你想要更有度量接受別人的批評，不要讓人覺得你防衛心過重），然後去找一個人，可以是另一半、朋友甚至是陌生人也無妨，請對方建議你兩個改善這個行為的點子。

最好是可以告訴對方你想要成為更好的主管、同事或朋友（就看你跟對方是什麼關係），請對方給你一個明確的建議，指出哪裡可以做得跟以往不同，以便從對方的角度來改善你們之間的關係。

如果你們倆認識，那麼請他不要談論你過去犯的錯，著眼在往後要怎麼做得更好。仔細聆聽，並且只要回應「謝謝」二字就好。然後再找下一個人重複相同的步驟。

企業的認知失調危機

這個方法很棒的地方在於，多數的人都不喜歡聽到自己過去搞砸的事，但幾乎都很樂意聽到如何使未來更好的建議。如同葛史密斯所言：「這行得通，因為我們可以讓未來更好，但是無法改變過去。」

順帶一提，如果你想讓前饋的過程更給力，可以閱讀葛史密斯所寫的《UP學：所有經理人相見恨晚的一本書》，我不會沒來由地推薦書籍，但是真的所有的經理人都應該仔細閱讀這本書（事實上，我認為所有人都該讀）。葛史密斯指出二十種讓人與顛峰絕緣的行為，並且教導讀者使用前饋等方法來改善。三個我最有感的壞習慣分別是「加值過度」、「用『不是』、『但是』或『然而』開頭說話」與「告訴全世界我多聰明」，我喜歡這三者的原因有三：一、不難想見會有多少鏡像神經元受體不滿足因這些行為而產生；二、這些都是不懂傾聽的最佳範例；三、我自己也是這三個壞習慣的受害者。如果你有任何會降低生產力或是不利人生的行為需要改善，讀讀這本《UP學》，說它會改寫你的人生一點都不誇張。

跟結髮夫妻一樣，企業如果傳達一條指令給員工，而員工對指令的認知跟公司的認知有很大的出入時，也會產生認知失調的問題。覺得自己的公司是絕佳工作環境的企業執行長，聽到我揭露員工其實覺得公司很悶、付出得不到回報、不友善，或是簡單來說就是很糟糕時……都會非常震驚。這種開放迴圈是一種很糟的情況：上頭聽不到眞正的聲音來調整認知失調的狀況，於是問題日益惡化。最後執行長會惱羞成怒，認定員工表現不佳又愛發牢騷，開始制定罰則，讓情況雪上加霜。而員工則會覺得工作環境每下愈況、愈來愈憤怒。若是放任此惡性循環，通常會演變到最糟的局面，那就是執行長只願意付出最低的報酬來留住員工；而員工則不願多付出一分努力，只求能保住工作就好，公司最後極可能面臨關門大吉。

在看過不勝枚舉的案例之後，我自創了一套「總經理熱血挑戰」專門解決這樣的問題，這是爲了企業領導者所設計，但是你可以稍做修改，用來診斷與修復你所處的工作團體的認知失調問題。假如家人願意的話，也可以在家中嘗試。但是在開始前必須提醒各位，心臟不夠強的人不宜，還有引用好萊塢影星傑克·尼克遜（Jack Nicholson）在《軍官與魔鬼》電影裡所說，「無法忍受眞相的人」也同樣不宜。

在一家童書出版社執行長（我稱他爲曼紐先生）的協助下，我創造出「總經理熱血挑戰」。曼紐先生掌管的這家公司很不錯，但是他認爲還有進步空間。爲了找出精進之道，我請他列出下列問題，然後寄給全體員工：

① 我需要大家幫忙來讓公司更好，每個人的意見都不用具名。

② 假設你參加一個晚餐聚會，不小心聽到有人用很熱情和驕傲的激動口吻說：「我的公司眞的很棒，我給它滿分。」假如你覺得自己的公司得不到滿分，你會有什麼心情？我想我會很羨慕對方，並且對自己的公司有點失望。

③ 請問你有多愛公司、對公司的熱忱與滿意度有多高，十分爲滿分，一分最低，請爲這三者打分數。

④ 如果這三者都低於十分，你覺得公司需要做何改變、用什麼方式改變，可以讓你提高分數？作答請不具名，也請不要利用機會來攻擊你討厭的人。

⑤ 公司會選出最多人提出的建議來做爲改善的依據，並且會回覆大家，讓各位知道我們的做法，以及完成的時間。

最後謝謝各位的合作來讓我們的公司更好，成爲大家心目中的滿分公司。

我跟曼紐先生解釋，「總經理熱血挑戰」聽起來簡單，但是卻掌握著公司能否扭轉未來的樞紐，原因如下：

- **員工的熱情關乎公司願景**。員工會希望自己的工作夠重要，能夠讓客戶滿意到在臉上掛起笑容。
- **員工的熱忱關乎執行力**。即使有很大的願景，萬一領導者未能善盡其職，少了熱忱的員工也會因此無法完成原本能做好的事。
- **員工的驕傲關乎願景，也關乎職業道德**。如果公司做的不是良心事業，很少有員工會感到驕傲。驕傲也關乎做有意義的事，隨著年紀愈長，讓世界變好對員工來說也益發重要。

曼紐先生照著我的建議去做，發現很多員工都希望公司提高有功人士的獎賞，同時要懲罰搞辦公室政治的傢伙；他們希望減少流言蜚語、背後捅刀的內部爭鬥，員工可以更加團結。至於公司的產品面，他們希望能更符合公司宗旨：出版書籍協助父母教導小孩，在這個既競爭又憤世嫉俗的社會中能夠脫穎而出並且活得開心。

曼紐先生投入心力處理這些問題，報酬也相當豐碩。公司的業績有所提升，隔年有四成的成長。曼紐先生也特別著力於鏟除陷害別人與搞辦公室政治的人，他揪出害群之馬並請走他們。更重要的是，他自己的熱情、熱忱與驕傲都加倍成長了。

你可以用這套問題來詢問員工、隊友、經理人或是合作廠商的意見，要他們根據你的服務、產品、公司或是你個人，以不具名的方式在熱情、熱忱、驕傲這三點從一到十給分數。可以依實際情況稍加調整，如果覺得自己心臟夠強，也可以請你的另一半與小孩依熱情、熱忱與驕傲這三點爲這個家打分數。答案不見得是你想聽到的，但保證絕對是你需要知道的！

若無法免除認知失調，那就有以待之

上面談的都是我們有辦法避免的情況，但並不是所有的認知失調都是你的錯，也不是每一種情況都能避免。像是到國外出差，或是與來自各種文化的人共處、共事，再怎麼小心，都很難保證自己說的話或是行爲不會觸犯到他們。

下面是一些很難避免的情況。若是你不太會講某種語言，那麼在用它表達時就可能鬧出無數笑話；或者，你可能會比出在你的文化中表示「可以」或「停止」的手勢，但對另一個文化的人來說，卻有完全不同、甚至是不好的意思；你也可能讓人覺得話太多、有點唐突，即使這原本在你的文化中是合宜的行爲。所以囉，當你覺得自己滿懷善意、舉止得宜時，對方心裡卻有可能是想著：「眞是個王八蛋，一點禮貌都沒有。」

這是不能忽視的問題，光是太常盯著對方的眼睛（或是太少眼神接觸）、用左手拿取麵包而不用右手，這些小事都可能讓生意告吹，或是毀掉人際關係。

所幸，要預防這些問題很簡單，**若能以有禮又尊重對方的方式把可能冒犯之處說清楚，對任何文化的人都是行得通的事**。照這樣說就行：「我事先研究了一下貴國的文化習俗，以及我們兩國的文化差異，但是極可能還是會說錯話或是舉止不當，冒犯到各位，絕對是無心之過。我很不希望讓你在同事面前覺得尷尬，還得替我解釋。如果你可以告訴我，我們的哪些行爲最常冒犯到你們，我一定盡力避免。」

這樣的謙遜態度可以消除大部分人的敵意，在認知失調尚未發生前就消滅於無形。事先的道歉足以彌補你稍後可能會犯的任何錯，不管是拿錯叉子還是不小心稱呼主人的老婆爲賤內。因此，在你出差時，尤其是參加跨國的重要商務會議，記得要使用先發制人的謙遜招式來化解認知失調，出門在外不能沒有它。

智慧帶著走

領導學之父華倫．班尼斯有話大概是這麼說的：「當你真正了解一個人，而他也知道你懂他，他就會心甘情願聽你的。」

行動藍圖

下一次跟別人發生爭吵時（尤其是長期不滿所以經常發生的激烈爭執），請停下來並且跟對方說：「我覺得你正在攻擊我，你應該也是覺得我在攻擊你，但我們其實都只是在為自己辯護，我並不想傷害你，你一定也是；如果我們有這個共識並一筆勾消從頭開始，一定可以一起解決掉問題。」當你這麼做時，你就把雙方的認知失調（「這傢伙真是個混蛋」）替換成了互相尊重（「這傢伙是真的想要解決我們之間的問題」）。

原則⑧

不知道該怎麼辦時，就展現脆弱。

不要害怕讓人看到你的脆弱，
別人不會因此覺得你軟弱，
反而覺得你容易親近。
要知道脆弱就是力量。

——啟斯．法拉利，《誰在背後挺你》作者

通常，要費一番工夫才能知道另一個人的想法，當患者第一次求診坐在我對面時，我完全沒有頭緒他會在意什麼（或什麼事會讓他跳起來），在這些第一次接觸時的前幾分鐘裡，他們對我而言是個謎，當然他們對我的感覺也不遑多讓。

不過維杰的情況就不同了，他並沒有來到我的診間，事實上，他人遠在地球另一端的印度。我們從未謀面，他在讀了我的部落格之後，上網找到我的信箱，「冒昧」寄來一封電子郵件。

這些都無關緊要，在讀了他的信之後，我立刻就明白他的感受，因爲三十年前，我也經歷過相同的處境，同樣害怕，同樣不知所措。

維杰的信是這麼寫的：

真希望我從沒有出生在這個世界上，真希望我有勇氣從屋頂跳下去，每天醒來時只希望自己能夠長眠不醒。我跟自己發誓絕對不能自殺，因為死亡更讓我恐懼，何況我還一事無成，現在就死掉比苟活著更沒意義。

我也不想加重父母的負擔，不希望他們為我的死而痛苦悲傷，更不願意讓他們覺得為兒女付出的努力徹底失敗。

他們無法承受……但是我對這個世間真的毫無留戀。我想這一切的念頭都是源自五月十五的考試，我給自己很大的壓力要拿高分讓父母開心。爸爸說前兩科的成績不夠理想，剩下的三科一定要考好。我覺得如果拿了個 B 而不是 A，他們應該就不會愛我了……。

葛斯登醫生，請你一定要回信，我因為不知道能跟誰聊很困擾，我現在是很冷靜地在說這些……求求你。

我不會傻傻地安慰維杰拿 B 就已經很厲害了，我有更好的方法。每年都有數十個學生因為這樣的小危機就自殺，特別是像印度這樣重視學業成績的國家。

我絲毫不敢延誤，立即回信給維杰，告訴他我很難過聽到他的感覺這麼糟。心想他一定也覺得很孤單，便和他分享了我的親身經歷。

剛進入醫學院就讀時，我遇到很大的阻礙，不知道如何在求學路上繼續走下去。我每天去上課，每科都過關，但是完全不知道自己在學什麼，大腦好像當機了。我把整本書畫滿了重點，奢望這樣就可以整個印到腦袋裡。一想到以後面對急需救助的病患我會胡亂醫治，就好害怕。

於是，我跟父親說想要休學，跟維杰的老爸一樣，我爸也比較嚴謹，不太了解我，覺得這是藉口。在我這麼告訴他時，他嫌惡地看著我說：「你是被退學嗎？」

我說：「沒有，我都考及格了，但是硬背的書一點也沒有留在腦子裡。」我們吵了起來，幾分鐘後我放棄了，只是低頭看著地板。

他說個不停，認為我只是需要找家教多加強，然後把學位拿到。最後他作了結論：「好，那我們達成共識了，你去找家教，繼續把醫學院念完。」

我心想：「我絕不能回學校去，勉強再待下去，一定會出事，我怕自己會發瘋或是想要自我了結。」

我抬頭看著他的眼睛，發自內心地說：「你一點也不懂，我很害怕！」我的心徹底被恐懼籠罩，我甚至不知道自己有沒有權利害怕、或是在害怕什麼，只想著得回學校就慘了，我唯一能確定的就是我很害怕。

說完之後，我哭了起來，流眼淚不是因為找藉口或是可憐自己，而是因為恐懼，還有長期壓抑之後需要宣洩出來。

我很幸運，外表強悍、只重講理與結果的老爸，骨子裡還是很愛孩子。原本預期他會說：「你真是沒用、窩囊，滾遠一點。」如果他當真這樣說，我一定會崩潰。沒想到，他只是握緊拳頭，怒氣消退，說了：「就做你該做的事吧，我和你媽都會挺你到底。」

這個當下對我的人生產生了決定性的影響力，這是我人生的最低潮，而這一件事改變了一切，自此之後，我很誠實地面對自己內心最深處的感受，不論是恐懼還是羞愧。於是，我要維杰也同樣這麼做！

展露你的脆弱，別人也會跟進

我曾經跟大多數的年輕人（尤其是男性）一樣，都相信要贏得尊重就是不可以展露脆弱的一面，尤其是面對老爸。這意謂著我們要虛張聲勢地掩蓋錯誤、粉飾恐懼。但是經過這次的深刻體驗，我學到了幾件事。

第一是當你誠實坦承錯誤時，別人會原諒你，甚至提供協助。第二是別人生氣或是失望的不是你坦承過錯，而是你設法掩蓋實情

我也學到，最好在事情還沒搞砸之前，就先開口請求協助；等到搞砸才開口，別人可能會猜想你是要規避責任；即使如此，搞砸後請求協助，還是比完全不向外求援來得好。

承認自己的脆弱反而可以給你力量，避免杏仁核遭劫，而做出衝動的決定，成爲心中一輩子的遺憾。這樣做可以釋放情緒和壓力，而不會累積到壓抑不住後才爆發。

反之，在很不好的時候一味假裝自己很好，甚至是會要命的。

展露脆弱不僅能釋放情緒，還可以使你與人更親近。要理解箇中原因就要回到第二章談到的鏡像神經元，它可以讓我們感受到別人的情緒。

當你恐懼、受傷或是覺得受辱，由於害怕失去他人的尊重，你會設法掩蓋。情況如下：

- 你的鏡像神經元受體不滿足情況會加劇，你覺得自己不被了解，其實是因爲你掩蓋實情無法被了解。旁人對你的情況毫無頭緒，你只能靠自己，這種傷口是自找的。

- 你害怕失去父母（老闆、孩子、另一半……）的尊敬，極力掩蓋的結果就是這些人無法倒映與理解你的痛苦；更糟的是，他們倒映的會是你用來粉飾痛苦的態度。如果你用憤怒來掩蓋恐懼，你得到的就會是憤怒；如果你用「去你的」態度來掩蓋無助，你得到的就會是「好吧，那就去你的」。

當你展露脆弱，有勇氣告訴人們：「我很害怕」、「我很孤單」或是「我眞不知道怎麼解決」，對方就會立即倒映你的眞實感受。這是不由自主的生物本能，對方會知道你的感覺有多糟，甚至感受到相同的痛苦，因此會希望你的痛苦消失（因為某種程度上來說，這痛苦現在他也有份）。他會想要幫你解決，而解決之道就會應運而生。

有趣的是，即使是原本不喜歡你的人，看到你展露脆弱時也會有同樣的反應。我經常受雇去應付混球，就是非常有能力的那種領導者，但是缺點也大到讓人瞠目結舌。這些人通常態度無禮自大，搞得公司烏煙瘴氣，員工無法好好做事，人才也不斷流失；他們經年累月折磨底下的員工，讓員工覺得渺小、軟弱、害怕、沒有價值，他們也會貶損員工，讓員工感到受辱。而且當我到場提供協助時，他們通常是一心只想要報復。

後來重大的改變發生了，一旦我要這些問題主管面對自己的缺點，並且告訴他們唯有解決問題，企業才有未來，他們通常都會同意並問我：「那要怎麼做？」我給他們的第一個建議就是：展露脆弱。告訴同僚、下屬你知道自己過去是個混蛋，將來會盡最大的努力來洗心革面，向大家坦誠以告，希望他們能夠體諒。

讓人驚訝的是幾乎大部分的員工都能展現同理心，不管他們先前被這個惡主管怎麼惡整過，還是會選擇原諒，甚至支持這個願意改過遷善的混蛋。因此多數的混蛋都能獲得第二次的機會，甚至跟曾經被他們傷害的人成為好朋友。

展露脆弱還能夠產生立即的交心，讓原本完全陌生的人變成朋友，我的合夥人啓思・法拉利就是在訓練研討會上用這一招，讓人們卸下防備，套句他說的話：「有弱點才是正常人啊，分享一些來聽聽吧。」

「這陣子，我聽到許多人勇敢去嘗試的感人故事。舉例來說，有一個年輕業務員，工作了六個月還是達不到業績目標，領到的薪水少得可憐，少到必須賣掉房子，帶著太太和兩個孩子搬到一間小很多的公寓。另外還有一個年輕爸爸，小孩患有自閉症，但他還是非常愛這個小孩。他分享了在得知小孩得病後所面對的挑戰，他知道必須盡可能花時間陪伴孩子，才能幫助孩子成長，拉離自閉症的黑暗世界，但是他經常在陪伴小孩與工作賺錢兩頭燒的情況下，筋疲力竭。

這些是這些人經歷的難關。很多人會害怕分享這樣的故事，但是當你終於鼓起勇氣分享自己的脆弱時，有兩件事會發生。第一，跟你談話的人其實也有類似的脆弱或是難題；第二，他會對你的故事產生同情心，立即想要提供協助，可能是指點門路、給予建議或是安靜地當個垃圾桶。而且，你很快就會跟這位新朋友建立起非常親密的關係，甚至比有些多年的老友還親。」

原本就很愛我們的人，一看到我們展露脆弱，更是會給予無比的愛與支持，尤其是父母，這是一種生物本能，不管他們平常有多頑固或是對你多嚴苛。向他們展露傷口，他們不會往上頭撒鹽，一定會努力幫你尋找出路。

現在我們可以再回頭談談維杰，他在讀了我的回信之後，鼓起了勇氣去找父親，告訴爸爸他非常害怕考不好而讓全家人失望。原本以爲爸爸會說：「我對你很不滿意。」但是老爸沒有批評，沒有做任何維杰所擔心的事，相反地，他可以理解。父親也展露了自己的脆弱，向維杰道歉自己沒耐心，沒能傾聽他的心聲。這對父子一起把心事聊開，找到解決方法，爸爸承諾會多點耐心，兒子也不會再把父親的失望小題大作。不管最後的考試成績如何，雙方都能坦然接受。

在跟父親談過之後，維杰回了信：「我不知道原來我可以害怕，我一直以爲如果犯錯的話，爸爸和其他人就不會再接納我。」維杰學到我們也在這章中學到的事：**有時候當你想要打動對方，簡單說句「我搞砸了」或是「我很害怕」反而是最明智的做法**。

換句話說，展露自己的脆弱並不會使你軟弱，而是力量。

智慧帶著走

當你被逼到一角，內心的感受讓你想要張牙舞爪時，請更深入探究，感受你的恐懼，然後展露你的脆弱。

行動藍圖

下一次覺得害怕或是痛苦時，不要假裝沒事，請想一想，你是想對誰隱藏這些情緒，就去告訴那個人你的真實感受。

下一次當你發覺某人很害怕或是痛苦時，請鼓勵他說出來，然後讓他知道你很敬佩他有勇氣說出「我很害怕」或是「我搞砸了」。

原則 9

對毒型人物敬而遠之

有毒之人會損害你的自信與尊嚴，毒害你的本性。

——莉莉恩．葛拉斯（Lilian Glass），心理學家

我很喜歡交朋友，還會特地花心思這樣做，啓思的座右銘也深得我心：「別自個兒用餐。」我深深感謝遇到的每個新朋友，讓我的人生更加豐富。

只是有時會誤交帶來負面影響的人，我也是吃過苦頭後，才學會這種慘痛的教訓。

四年前，我動了一個性命攸關的緊急大手術，在復原期間我心靜下來思考，發現人生中存在著損害健康的「壓力源」，讓我不能盡情地享受人生。雖然從心理醫師口

中聽到這種話很奇怪，但是我不得不承認最大的壓力源就是「人」。

我指的並不是一般人，而是那些毒型人物，那些很容易就情緒化、很難取悅、常常讓我失望、不肯合作、不願公平待人或是一直找理由、藉口把過錯推給他人的人。

於是我痛定思痛，就在病床上決定未來不讓這些人來擾亂我的人生，這些年來我一直信守對自己的承諾，現在我比以前健康許多，在生命的各個方面也更加開心、成功。因此當你在練習本書中與人交流的技巧時，我希望你也可以一樣爲自己做出正確的交友決定。

這本書講的都是如何交到讓人生更美好的朋友，但並不是每個人都想爲你的生命增添美麗色彩，是會有人心存惡意搞破壞，有些人像吸血鬼想把你榨乾、有些人想詐騙你撈點好處，或是欺負你、阻止你向上提升、讓你成爲代罪羔羊……。爲了拯救自己，你需要隔絕掉這些人對你的影響力，抽離開來，別讓他們繼續傷害你。

有三個方法可以保全自己，第一種就是正面反抗，第二種是抵銷他們的力量，最後一招是起身離開，而且別讓他們還跟在背後。

我知道你的腦海裡在想什麼，八成是這句老話：「哼，用說得比較容易！」有時候，你就是會和這些人有財務或是情感上很深的糾葛，要做到所謂的「混蛋速速退！」(jerkectomy)，眞的是很不容易。但是長痛不如短痛，能否讓他們從此在你生命中消失，攸關你是否可以成功又快樂。下面我提供各位一些指認出毒型人物的方法，並且教大家如何保護自己不身受其害。

過度依賴之人

若是別人依賴你的情況輕微其實不是太大的問題，但是有人過分依賴的程度，會強烈到好像要吸乾你的血才能填補他內心的飢渴，你要小心的是這種人。

病態性過度依賴可能發生在情感或是經濟面上，甚至是兩者同時一起對你造成損害，這些人會傳遞下列這樣的訊息：「我需要你幫我解決所有的問題」、「沒有你我活不下去」、「你是我快樂的泉源」、「如果你離開，我會死」。一般人只在必要時才會開口求助，且在事後心生感謝，但是過度依賴的人會不斷地發出求救訊號，要求你把注意力都放在他身上，利用情感威脅來得到別人關注，只有怕你想逃跑時，他才會爲了留住你而表達感謝。

需求永遠無法滿足的人會吸乾你的精力，因爲不管你再怎麼做都不夠，他不是偶爾尋求你的支持，而是整個人趴在你身上直到你撐不住倒地爲止。一旦糾纏上，你就別想脫身（有人可以靠，幹嘛放手？），萬一你想掙脫他，就會趴得更緊。

過度依賴之人不願意自己做決定或是解決問題，他希望你可以牽著他的手，亦步亦趨常伴左右，爲他遮風擋雨、排解一切困難。你才剛幫他化解一項危機，又發現他掉入另一個難關而哭得不可自抑；愈想幫忙他走出來，你就會像陷入流沙一樣沉得愈來愈深。

太常和這樣的人在一起，不知不覺也會開始覺得痛苦與無能爲力，因爲你已經傾盡所能來幫助眼前這個人，但是他仍舊語帶失落地說：「我還是很難過、我還是走不出來；你失敗了，你承諾要救我卻做不到……。」這就是第二章談到的鏡像神經元受體不滿足的典型原料。

那要如何判斷遇到的人是否爲病態性過度依賴？若是有這樣的懷疑，可以利用下面這個評量表來幫助你做評斷，一分：沒有，二分：有時候，三分：總是如此。

□這個人愛發牢騷嗎？
□這個人愛抱怨嗎？
□這個人老是一副受害者的姿態？
□這個人一直在傳達「同情我」的無聲訊息？
□這個人希望受到同情嗎？

□事情不如他意時，他會哭或是一副深深受到傷害的樣子嗎？
□這個人會故意讓你覺得有罪惡感嗎？
□會覺得這個人像是個無底洞，需求永遠得不到滿足嗎？
□想避開這個人嗎？
□收到這個人的語音留言或是電子郵件時會感到胃一陣抽筋嗎？
□想對這個人大吼：「堅強起來」嗎？
□不支持這個人會讓你有罪惡感嗎？

得分結果如下：

12：低度依賴：值得交往一生的人
13-24：中度依賴：請思考這樣的關係是否值得你投注時間？
25-36：高度依賴：如果可以，請在這個人榨乾你的生命之前抽身離開。

如果你遇上病態性依賴的人，最好的作法就是「離開」，但如果這段關係對你很重要，仍舊想要努力挽救，那就給對方一個改變的機會。

以德瑞克爲例，喬妲是他的女朋友，剛開始交往時，他很高興喬妲會詢問他的意見，舉凡工作、生活甚至到買什麼衣服，她都希望德瑞克幫忙出意見。但是他慢慢開始厭煩起這種無止無盡的詢問，也受不了她不肯擔起對自己的責任，老是情緒崩潰，要他提供安慰，在一起的時候就是凡事抱怨個不停。

後來德瑞克選擇來尋求專業的意見，我建議他可以使用一個我命名爲「退縮反抗」的方法，我請他這樣告訴喬妲，並且要明白地讓她知道：說出這樣的話讓他的心很痛。

「我發覺自己開始想要躲開你，因爲每次我關心你有哪些事尚未完成時，你就會找理由或是怪罪他人，我要你改進時，你不是一副受傷的樣子，就是生氣或是哭個不停。人若遇到不如意的事，感到失望、受傷或是難過很正常，但如果每回都要生氣或是變得情緒化，那跟你相處起來實在是很累。當然你有權利選擇回應事情的方式，但我也有權利選擇離開，不要再聽你埋怨，但是這對我們的關係並沒有任何加分。因此我希望你可以開始對自己負起責任，找出難過時不會情緒潰堤的方法。」

這樣的宣告會有兩種結果，對方若是夠聰明，認眞看待這段戀情，一定會努力讓自己進步。但是對方也可能拒絕改變，依賴的舉動更變本加厲，這時你就能確定對方並不值得你留戀。

說這些話無異下猛藥，你不會憑白無故對人說這些，但遇到過分依賴的人，就不得不抱著破斧沉舟的決心。依賴是一種行爲，在和毒型人物互動時，無法光用言語達成溝通，得用行動才能制住對方的負面行爲。

若是你遇到的是內心過於依賴的人，請聽我一句，他極可能患有「邊緣型人格」，這種人通常會有下列症頭：

- 他不只是發牢騷，而是直接要求東要求西。
- 極度害怕被遺棄。
- 他一下子把你過度理想化（你是我生命的意義），一下子又全盤否定你（你就和其他人一樣自私），深陷在這樣的循環起伏中。
- 性格不定、陰陽怪氣，看似茫然，實際上是內心空虛。爲了塡補內心的空洞，他會像寄生蟲一樣黏住身邊最近的人。
- 容易衝動。尋求不安全的性行爲或是開快車都是其中的一種表現。
- 極端情緒化，經常會生氣到難以控制自己，會以自殺來威脅他人。
- 出現偏執思想與行爲，像是指控你「裝成一副在關心的樣子，其實只是想傷害我」。

如果你面對的是有這些行爲的人，麻煩就大了，如果戀情還沒穩定，也不到非此人不嫁不娶的狀況，那最安全的上策就是腳底抹油趕快溜，但是要小心自身安全，因爲邊緣型人格的人很可能會跟蹤、傷害你。

邊緣型人格可以治癒，只是連專業醫生都覺得棘手，你想靠自己的力量來拯救他，只會雙雙墜入火坑、一起燃燒殆盡。

恃強欺弱者

我在工作上經常遇到被霸凌的人，但是別人倒是很少會欺負我，不過有一次的霸凌事件還是讓我印象深刻。

我坐在辛普森謀殺案的法庭上，觀看檢察官的起訴過程，檢察官們要我留心他們沒注意到的小細節，提供建議，雖然他們不常聽從……但先不說這個。

突然在審問的過程中，惡名昭彰的被告辯護律師李貝利在詢問洛城警探馬克·福爾曼（Mark Fuhrman）時，突然把矛頭指向我，問馬克是不是我的舊識，暗示我有指導福爾曼如何提出證詞，瞬間我成為全法庭的焦點，跟著也在全國電視網上了新聞。

後來在一次會議中，檢察官與我又碰上李貝利，他還是當著我的面說同樣的話。不過我知道該如何應付李貝利這樣的人，因此我沒有如他的願按牌理出牌。

李貝利在足足幾分鐘內是這樣說的：「葛斯登醫生，我不知道你在這裡的原因，但是我知道你幾乎場場出席。」在他這樣說的同時，我正視著他的雙眼，我沒有回嘴或是做任何事情，只是偶爾眨一下眼睛。

在李貝利講很久之後，另一個律師終於忍不住開口說：「馬克，你什麼話都沒說。」我回道：「他還沒有問我任何問題啊。」講話的同時，我又直視著李貝利，發現他輕輕地退縮了一下。

然後，李貝利問我是否對福爾曼洗腦、下藥，或是做出任何想改變他證詞的事情。當下我的腦子一直播放著他在交叉質詢福爾曼的模樣，李貝利也想用同樣的手法讓我害怕，而說出可以讓他扭曲的蠢話。

一個人再清白，也會因為害怕李貝利嚇人的詰問方式而說錯話，不過我很清楚他想玩什麼把戲，他這樣做是要讓我失去攻擊的力道，讓我內心挫敗、被激怒，最後就無法冷靜地面對他。

因此當他問完我是否對福爾曼洗腦或是下藥這樣荒謬的問題後，我在心裡慢慢從一數到七，然後清清喉嚨，我可以感覺到所有人都屏氣凝神地等待我開口，然後我又緩緩地數到七之後，終於開口回答李貝利：「不好意思，李貝利先生，我剛失神了好幾分鐘，你可以再重複一次方才的問題嗎？」

他整個目瞪口呆，不敢相信有人膽敢這樣怠慢全美國最可怕的律師，彷彿在說他的話無聊到讓我放空。接下來他就放棄了，不曾再質問我任何問題。你看，**只要不照著惡霸的劇本走，他通常是沒有第二步棋可以下的。**

這道理很簡單，惡霸會找好欺負的人下手，只要你出乎他意料之外，他通常就會放棄，轉而尋找別的目標。

當然不是每次都能找到好方法來抵抗，譬如說你非常需要目前這份工作，但你的主管卻掌有絕對的生殺大權，你唯一的選擇就只有放低姿態，減少和他接觸的機會，然後伺機換工作。不過即使在這樣無法翻盤的情況下，你還是可以讓自己看起來不是一副好欺負的樣子，主管就不會一直把注意力放在你身上。

當霸凌者說話攻擊你時，你可以這樣做：正眼看著他，態度有禮，但是覺得有一點點不耐煩，給人感覺你的心思沒有全在，肢體語言也要跟著配合：站直，放鬆，頭可以稍微歪向一邊，感覺你有在聽，但不太認眞；雙手要自然垂放在兩側，不要防衛地抱在胸口。這樣的反應通常會讓惡霸覺得不舒服，覺得自己有點蠢，然後會不自覺地打退堂鼓。

如果情況允許你冒點險，那對付霸道之人的方法就有比較多選擇，我最喜歡讓大多數的霸凌者一整個措手不及，也就是用力反擊回去。霸凌者敢這樣欺負人，是因爲大家容忍他，所以不必付出什麼代價，但是他心裡其實知道這樣做並不好。有時候，就是需要有人勇敢地給出一記當頭棒喝。

我用力地說：「我現在最開心的事就是我不是在你底下工作。」

「你說什麼？」跟我一同用餐的法蘭克嚇了一跳。四十三歲的法蘭克在一家快速成長的公司擔任資深業務副總，我們正在比佛利山莊的著名餐館用餐，看到他連女服務生都要吃一下豆腐，又以高傲的態度貶低對方，讓她只能尷尬地笑一笑，然後轉頭看了我一眼，彷彿是在問：「你怎麼會結交如此噁心的朋友？」

我看著法蘭克的眼睛說：「沒錯，我一點也不想為你工作，萬一我不小心犯錯，我會嚇到不知如何告訴你，因為你一定會用不屑的態度狠狠地辱罵我。生命很短暫，我不想浪費在你這種惡霸身上。」

他的下巴差點掉了下來，一副不敢置信的樣子，然後說：「從來沒有人敢這樣跟我講話。」

「這個嘛，」我是真的出言不善，我回答：「也許要嚐嚐被霸凌的滋味才會懂得什麼叫霸凌，但是更重要的是，我說的話不假吧？」

法蘭克坦誠不諱地說：「嗯，你是對的，我曾經因此丟了一份工作，婚姻破裂，孩子們也都不肯和我講話。」然後，他一副不想讓人聽見的樣子，身子往前傾，問我：「有辦法改變嗎？」

我很快地回他：「這是一種上了癮的壞習慣，你最多只能當個努力改過向善的惡霸，時刻留意自己的行為，否則一不小心又會故態復萌。但這樣做是值得的，你的人生就不會再如此苦澀，能結交到更多的朋友，將來親友參加你的喪禮時，也不用勉強自己說：『他真是個好人……』這種謊話，而且你可以更有成就。」

他笑了起來，又問：「那你可以幫我嗎？」

我思考了一會兒後說：「我正試圖分析你是否天性就愛霸凌，如果你喜歡欺負人，尤其是那些無法反擊的人，像是剛才那位女服務生，那我不會幫你，因為你已經在人生中占了太多便宜。而且我還會幫助那些被欺負的人來對付你。但如果你只是為了把事情做成，才會欺壓別人，那也許還有轉寰的餘地，我會幫助你改變。」

說完後，我停下來看他會如何回應，結果他聘請了我當他的「人格改造顧問」。

很多惡霸就像法蘭克一樣，很習慣受害者匍匐在他腳下、畏縮不敢反抗，而且也很享受當下這種居高臨下的快感，但若是有人勇敢反擊回去，會讓他嚇到說不出話來。這樣做當然風險很高，但是回報也相對很大，只有在你不怕失去客戶或是生意、而且事先已想好解套的方法時，才能這樣做。

愛占便宜者

這種人身邊多的是，每天都會出現（「可以幫我接個電話嗎？」、「方便順道載我的小孩去踢足球嗎？」、「幫我付個午餐錢好嗎？」），很奇怪的是這些人永遠找不到時間或是力氣來回報你。

這些人大概不致於會毀了你的人生，但是卻能毀了你一天的計畫，讓你看起來很沒有效率（因爲你一直在幫他工作，自己份內的事就做不完），你會覺得很氣，氣自己原本的計畫沒空去做。

可以的話，離這些人遠一些；不行的話，你也可以讓他們的要求失效。這是整本書裡最簡單的小撇步，下次遇到有個煩人精請你幫忙時，就照這樣做：

對方：嘿，可以幫我做一下要放在簡報裡的圖片嗎？我知道應該要自己來，但實在是忙到不可開交。

你：好啊！那你幫我處理星期四的實習訓練吧。

對方：嗯……

你：你不會不肯還我個人情吧？

對方：嗯……

這樣做個一兩次，每次務必要求互換工作，對方一定會轉而尋找更容易下手的獵物。此外，你也要事先觀察好周遭有誰是這種愛占便宜的人，一上班就先想好要叫對方做什麼，待他一開口，就可以馬上搬出交換條件。這個方法很好，因爲你不是拒絕或生氣，對方沒有理由能責怪你，因此就沒有樹立敵人的疑慮，你只是讓他摸摸鼻子再找別人。

自戀狂

這種人不會傷害你，但是他的眼裡看不見你，只有一直爲他拍手讚美的人才會得以讓他多看幾眼。自戀狂不會倒映你的感受或是情緒，因爲他總是忙著說：「魔鏡、魔鏡，誰是世界上最漂亮的人？」然後就會自問自答地說：「啊哈，就是我啊！」我有一個朋友叫何蘭德（Edward Hollander），他給這些人取了個綽號叫「心理自慰」，因爲他們只在乎自己爽不爽。

自戀狂和別人聊天時，心中大概會不斷冒出「你講夠你的事了沒？」這種話，就連你都還沒開口也一樣，他要處在聚光燈打到的位置，希望大家都繞著他鼓掌叫好。和他講話很容易被他插嘴打斷，你提到自己的成就，他不太理會，只想趕快敘述他的功勳，在他眼裡只有自己的問題才是大事，別人的都是芝麻小事，而且他希望大家也都這樣想。

但是自戀狂（和之後會談到的精神病患不同）並不一定是心地不好的人，他通常都是被寵壞了，跟他合作共事有時還是行得通，只要你能理解他其實只是太過自戀罷了。舉例而言，假如你的合夥人也是個自戀狂，那你就要知道這個人的一切作爲都是以他自己的最大利益來作考量，這樣你才不會被其自戀行徑搞到傻眼，無法冷靜看待。

那你要如何判斷一個人是否爲自戀狂？可以利用這張「自戀狂評分表」來幫助判斷，一分：沒有，二分：有時候，三分：經常。

□他多常不計代價來辯稱自己是對的？

□在沒什麼原因之下，會經常對你表現得不耐煩嗎？

□他很常在你講話時插嘴，但是你若插嘴卻會惹惱他嗎？

□他會經常要你認眞聽他講話（不管當下你是否在想事情），但是你要他這樣做時，他卻會生氣？

□他經常說話多過於傾聽嗎？

□他多常以「對，但是……」、「這樣講不對」、「可是」、「你的問題是……」或是直接了當以「不」來回話？

□請他去做對你重要但是對他有所不便的事情，他抗拒與反感的頻率爲何？

□他很常要求你去做會對你造成不便的事，卻認爲你該開心去做嗎？

□他不接受的行爲舉止卻希望你接受，這種事多常發生？

□在應該要說時，這個人還是不會說「謝謝」、「對不起」、「恭喜」、「抱歉，請原諒」等這些話嗎？

答完題目後，請加總分數，分析結果如下：

10 - 16：這個人很好相處
17 - 23：這個人很愛爭辯
24 - 30：這個人是不折不扣的自戀狂

如果無法改變自戀狂的行徑，那你需要求援或是離開嗎？這得視情況而定，因爲自戀狂也可以是很棒的情人或是生意夥伴，所有的政治人物幾乎都是自戀狂（不然誰會讓家人跟著過那樣的日子），演員明星們還有許多在工作上像拚命三郎的律師、企業執行長等都是。

自戀狂在人生中通常都能獲取很大的成就，跟著他們生活的確不簡單，有時候他們會給你榮華富貴，有時又會讓你受到嚴重的羞辱，就像轟動美國的性醜聞男主角史彼勒（Eliot Spitzer），他是紐約市州長，卻因爲召妓下台，他的夫人對此絕對是冷暖自知。你要自己決定是去是留，但是選擇留下來的話，就忘了公平這檔事吧！

精神變態

幾年前，有位科學研究者海爾 (Robert Hare) 寄了一份論文給一家科學期刊出版社，卻收到很怪異的回答。海爾的論文是他和他的研究所學生所完成的研究成果，附件是擷取成年男性在執行簡單語言任務時的腦電波圖照片。編輯直接拒絕刊登這份報告，他說這些腦電波儀的照片「不是人類的」。

在某種程度上而言，這名編輯是對的，因爲圖片掃描的是精神病患的腦波，這些人冷血無情，缺乏人類的固有特質，他們在生理和情感上都和我們有很大的差異。

每一百人之中就有一人患有精神疾病，這些人不一定都被關在精神病院裡，事實上就是因爲沒有同情心、自我、冷酷，讓這些人可以成爲世上最成功、最富有的企業領袖。這類的人如果不夠聰明，很可能會淪落到犯罪坐牢的下場，而腦筋聰明的一批就可能成爲大企業的執行長。他們注重性愛，外表迷人，因此很受異性喜愛，這些人大都是男性，當然也不乏擁有這樣特質的女性同胞。

我們一生中都會有機會碰到這樣的人，遇到的話，你可以遵循以下原則以保平安：「趕快跑，必要時甚至不惜斷尾以求脫身。因爲這些人會爲了自身利益，害得你家破人亡、痛苦一生，然後他們卻頭也不回地離開。」

很多人會想和他們講理或是想要撥動他們的心弦，但這是大錯特錯，因爲他們絕對不爲情感所動，你改變不了他們的心意，也不可能讓他們同情你，或是想要提供任何幫助給你。這些鐵石心腸的人可能會假意關心你（他們可都是騙人情感的箇中高手），知道這樣做可以讓你的鏡像神經元感到滿足，哄你，然後他們就能達到目的、玩弄你於股掌之中。

那你要如何判斷一個人是不是精神變態？這很困難，但還是有跡可循，你可以觀察對方「是否把人當成棋子操縱，一點也不在意讓別人痛苦悲傷，他以損人利己爲人生目的，他說謊成性，也不怕被抓包，他能言善道、充滿魅力又迷人，他渴望權力，會不惜一切代價取得，和人交際只是爲了滿足性或金錢上的需求，沒有利用價値之後，便會毫無情感地像扔破鞋一樣拋棄對方。」

請容我再次提醒，千萬不要誤以爲你應付得來這樣的人，我以打動別人爲生，而且我非常厲害，但是我在本書裡教的技巧都無法應付精神變態。道理很簡單，這些人缺乏神經元機制，他們無法以符合道德倫理的方式回應你，你要把這些人想成像是毒蠍這樣有致命性的危險生物，趕緊躲開才叫明哲保身。即使你會因此損失金錢、失去工作或是升遷的機會，不管離開的代價爲何都得承受，因爲留在這種人身邊只會讓你損失極其慘重。

攬鏡自問：問題出在誰？

本章談到的都是人生中可能遇到的毒型人物，外頭的世界裡充斥著許多別種毒型人物，但大多都不難突破心防或是改變他們（聰明的話，也不難躲開這些人）。接下來的章節，我們會談論擺脫他們、去除他們的毒性，甚至是把他們化爲助力的方法。

當你遇到毒型人物，想要分析他的問題時，請思考看看，有沒有可能，只是有點可能啦，你才是那個帶來問題的人？

譬如說，你覺得每個約會過的女生都是神經病，那你要不要照照鏡子想想，也許自己才是問題源頭？或者你老是受神經質的女生所吸引，然後戀情總是痛苦收場，這有可能是你把個人的問題歸罪到女朋友身上。也許她們歇斯底里的表現是因爲你總是若即若離的態度；依賴、愛抱怨也可能是因爲你常說得到但做不到；疑神疑鬼也有可能是因爲你不誠實又難以捉摸；偏執則是因爲你一下子控制欲很強，一下子又棄她於不顧。（那你要怎樣才能確定呢？很簡單，如果這些在你眼中是神經病的女生幾年後都紛紛有了美好歸宿，不是開心嫁人，就是有穩定的戀情，這樣的話……你心裡應該就有底了。）

當你看清楚自己的眞實面目時，很可能領悟到原來自己才是神經病，別難過，人非聖賢，孰能無過。好人與毒型人物的差別就在於：好人願意勇敢面對自己的錯誤，並從中學習、進而改過，讓我和各位分享一個知過能改的故事。

我帶著怒氣一路狂飆回家，我太太實在太超過了，七分鐘以前，竟然在我看診時打電話給我，而且這位病人剛好很難處理，她知道我必須全神貫注才能進行諮商，先前就警告過她好幾次，哪些時段不要打電話給我（顯而易見的是，在那些年，除非付我錢，我才會坐在一旁聽你說）。

我拿起電話聽筒，簡短地說了一句：「做什麼？」（心裡更想講的是：「搞什麼鬼，幹嘛這時候打給我？」），從她的聲音我聽到的是來打擾我看診的不體貼口氣。

然而，她隨後哀求地說：「請不要生氣，我躺在浴室地上，痛到完全無力爬起來。」我那一刻就懂了，她正處在性命交關之際，顧不得怕我生氣，她嚇壞了。

我用一種堅定、放心一切有我在的口氣說：「我現在就趕回去！」和病人道歉，告知說家人出了緊急事件，會再跟他另外約時間。跳上車後，我打電話到一一九叫救護車，但是電話那頭卻遲遲接不進去。

在開車的途中，我對接線生的無奈遠不及對自己的憤怒，我真是個偽君子，到底是怎麼跟太太溝通的，讓她覺得連遇到這麼嚴重的事情都不能打電話跟我求救，再加上擔心她現在人怎麼樣，我心裡真是快瘋了。

我一到家就往樓上的浴室衝，看到妻子無助地躺在地上，她看到我之後如釋重負地說：「太謝謝你了，請不要生氣。」

我自認不曾苛待過老婆，但是卻一而再地提醒她，絕對不可以在我工作時打電話進來，沒想到這樣的要求若不算得上是嚴苛，至少讓我在保護心愛的家人一事上是個大敗筆。

我溫柔地跟她說：「別擔心，你會沒事的，千萬別說抱歉。」再次覺得自己真的是個又糟糕又自私的老公，竟然讓老婆在這種可能丟掉性命的關頭，還怕我怕得要命。

順道一提，送到醫院檢查後發現是卵巢囊腫破裂，幸好沒有太嚴重，但是我也在那一刻領悟到必須讓太太還有孩子知道，他們至少可以跟我的病人享有同等的特權：只要情況危急時千萬不要猶豫害怕，何時何地都可以直接打電話跟我求救。

不能讓家人安心仰賴是我太笨，這樣的行為對他們的心靈算是一種毒害嗎？那還用說！

就如同之前所說的，「人非聖賢，孰能無過」，重點就在當發現自己有過錯時，要立即糾正自己，不要再重蹈覆轍。這次領悟到的心得很簡單：當醫生的也要懂得醫治自己！

智慧帶著走

如果你猶豫著不知是否可以拒絕別人，那你應該有點神經質；要是你非常害怕拒絕別人，那你面對的應該就是毒型人物。萬一從來沒有人敢拒絕你，那麼毒型人物很可能就是你。

行動藍圖

列出你人生中重要的人，在每個名字旁邊，請一併寫出下列問題的答案：我可以指望這個人給我實質的幫助嗎？情感上的支持呢？經濟上的資助？我惹上麻煩時，他是否願意很快來幫我？在名字旁邊出現很多「不會」的人，你可以嘗試對他們多要求一些，或是讓他們慢慢離開你的人生。

現在困難的部分來了，請列出依靠你的人，然後回答同樣的問題：他能指望你給予實質的幫助嗎？情感上的支持呢？經濟上的資助？在他惹上麻煩時，你是否願意趕快去幫助他？如果你誠實作答，有些問題很可能會讓你如夢初醒，那就像個正面人物那樣知過能改，千萬別當毒型人物。

第三部

取得信賴、打動別人的速效十二招

讀到這裡，你已經知道突破別人心防的九大原則，可以引導別人走完說服週期。

接下來的十二個小技巧運用起來都只需幾分鐘，但卻有辦法讓商業計畫、銷售交易起死回生，能改善人際關係甚至是改寫人生；多懂這十二招可以讓你的溝通軍備更臻完善，到時候你就可以打動以前認為絕不可能打動的人。

我已經找出介入說服週期最有效果的關鍵，使用上的彈性很大，凡是當你需要說服「不可能被說服」的人時，都可以隨時隨地拿來應用。

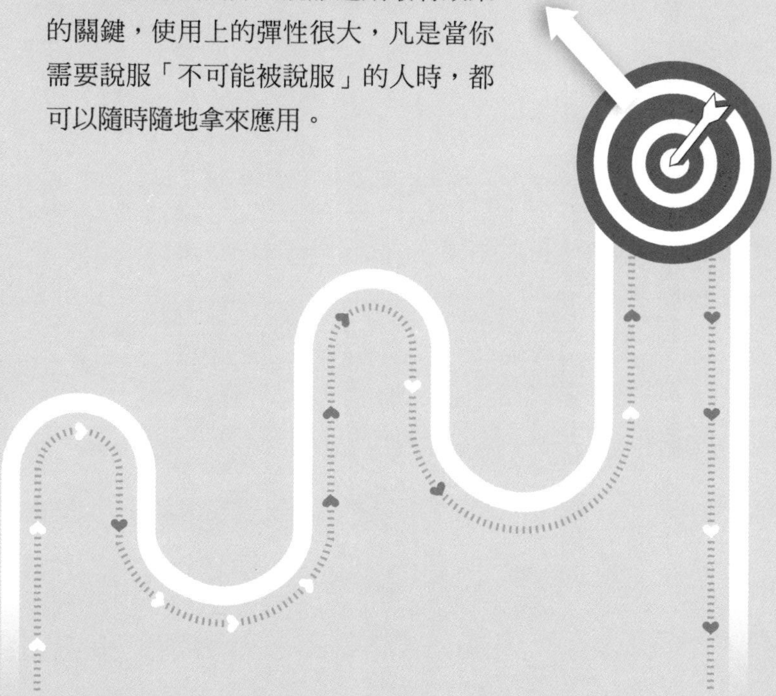

技巧①

問對方「為什麼不可能」

效用：讓人由傾聽進入考慮階段；化「好歸好……但是」為「好！」

世上大多數有意義的事，
在實現之前都曾被視為不可能。

——路易斯．布蘭戴斯（Louis D. Brandeis），二十世紀美國最高法院大法官

鳥會飛但是人不行！什麼叫把音樂錄下來保存？你不可能讓人們愛上石頭寵物的啦！[1] 在網路上賣書怎麼可能變富翁？

人們會這樣說是因爲大家都這樣認爲……或說原本是這麼想，直到有人天生反骨，化每個不可能爲事實。

愛迪生、萊特兄哥、蓋瑞．戴爾或是亞馬遜網路書店創辦人傑夫．貝佐斯這些傳奇人物把夢想化爲現實，如果你和他們是同一種人的話，那你最大的問題不是知道自己的想法可行，而是要怎麼說服人們願意相信這種可能。讓同事、客戶、員工、主管、投資者或是家人願意逐步鬆口，從「這做不到」到「也許可以嘗試」，然後更進一步捲起袖子說：「讓我們一起來拼吧。」

大衛．席柏德 (Dave Hibbard) 是 Dialexis 的共同創辦人，許多年前他教了我一個在眾人都執意反對你的提案時，扭轉情勢最棒的小撇步，他把這個方法稱爲「爲什麼不可能」問題，我給它一個傳神的新名稱「去你的但是」。

這方法適用還徘徊在抗拒與傾聽之間，還無法進入考慮階段的人，通常他們的內心這時是由兩種情緒主宰，一是**恐懼**（「這計畫太可怕了，萬一失敗我就毀了」），二是**興趣缺缺**（「計畫聽起來不錯歸不錯，但是我這頭得投入好多精力」）。要是幸運一點，他心裡多了一點兒興趣，正猶豫著：「嗯……搞不好會成功，這種事很難說的」，那就很有機會翻盤，但若是差了臨門一腳，你的計畫再好他都不會買單，而這個「爲

1. 寵物石 (Pet Rock) 至今仍被視為行銷學的經典實例，一九七〇年代廣告公司主管的葛瑞．戴爾 (Gary Dahl) 設計出一整系列養寵物石頭的配套，在美國大受歡迎，共賣出一百多萬顆石頭。

什麼不可能」問題就是那個臨門一腳。

應用方式如下：

你：什麼事情可以大幅幫助你成功，但是你認爲這件事絕對做不到？

對方：如果我可以……，但那是不可能的。

你：有何方法可以讓這件事變成可能？

這樣三兩下就問完了，只不過丟出兩個簡單的問題，「哪件事絕對做不到？」和「如何讓這件事變成可能？」。

你知道這兩個問題有多厲害嗎？可以讓一個原本態度防衛、封閉或是自私、光找藉口的人，轉變成態度開放、願意思索如何去實現原本認爲不可行的夢幻計畫，並且與你並肩合作。

當你要別人說出是受到何事阻撓時，其實是在引導他說出正面的話，例如「我相信這件事是可行的」。當人這樣想、這樣說之後，思維模式會開始轉變，他會變得較正向並且開始同意你的想法。訣竅就是引他進入「好或不好」或是「對呀但是……」的思維模式時，你去表示贊同，但加入一點轉折，如「要怎麼做才能化爲可能？」，對方就會不自覺地考慮要如何跟你配合。

這個方法有點像武術裡「借力使力」的招數，當對方一拳打來時，你要順勢一拉讓他失去平衡，而不是硬碰硬揮拳迎過去。你是在叩詢後不予辯駁（不去抗衡），只是倒映對方的想法，讓他自己失衡，如此一來，他就會從抗拒進入傾聽、再轉入考慮階段。這就是你說服對方的引導力量。

對方進入考慮階段並不表示他會立即接受，有時他的第一個反應可能是不耐煩或是充滿敵意，像是：「好啊，那就給個一百萬美金的預算和八十個人力，我一定會在期限內給你完成。」你要安靜、耐心地等待，對方的腦袋會在你剛才提出的問題上打轉，會覺得非給你一個好答案不可，事實上，你丟進去的問題讓他的大腦癢了起來，非抓到止癢不可，而唯一止癢的方法就是給你答案，只要你得到答案，你就成功了。

幾年前，我曾經在電視節目《觀點》(*The View*)[2]的單元企製身上運用過「爲什麼不可能」這個技巧，我是節目的特別來賓，他把節目單元的流程設計得很好，後來他跟我聊起想成爲節目製作人的夢想。這個年輕人很聰明、有才華又有創造力，不過我

2. 美國九〇年代知名的電視脫口秀節目。

感覺得出來他被自己的想法綁住了，他說：「這一行很競爭，我沒辦法盡情發揮，而且在這些割喉戰中，我也沒有具備關鍵優勢。」

因此我問他：「有什麼事情可以幫助你快速當上節目製作人，但是你認爲是不可能做到的事？」

他起先猶豫，後來還是說出想法，他說：「如果我可以找出那個女實習生莉維人在哪（我們是在她的屍體還沒在華盛頓被發現之前交談的），[3]然後再安排名主播芭芭拉．華特（Barbara Walters）[4]進行獨家專訪，這樣我就能得到能見度，實現我想成爲製作人的夢想。」

我回道：「即使你找不到她，但是如果能安排一段芭芭拉．華特和某位熱門人物的專訪，針對這個主題作深入探討，你還是有機會晉升爲節目製作人，對不對？」

「沒錯，」他回答，就在我要走出化妝室的時候，他轉身來對我說：「我在這一行做了十多年，從沒有來賓問過我這麼有益處的問題，感恩。」無心插柳之下，我就輕鬆地讓這位每年大概要面對幾百位來賓的企製牢牢記住我這個人。

那你要怎樣在自己的人生中使用這個「爲什麼不可能」呢？這個提問法之所以如此有效就在於彈性很大：任何情況都能使用。不管工作還是個人生活上都行得通，特別是當改變有其必要，但是卻被「這不可行」的想法給阻礙的時候，下面有兩個小例子供各位參考：

場景一：業務銷售

業務經理：有什麼事情可以幫助你快速增加業績，但卻是你認爲不可能做到的事情呢？

業務人員：如果我可以讓甲公司願意試用我們的薪資管理系統，因爲比他們目前那套強很多，這樣就能進一步擴增客戶群。

業務經理：那要怎麼做才能讓這件事成眞？

業務人員：假如我們的執行長可以找機會和甲公司的執行長談談，一定大有助益，因爲他們的位階相等，講起話來比較有影響力。嗯，也許我們的行銷人員可以舉辦一場有趣的聚會，邀請各公司的執行長來參加，然後由我們家的執行長當主辦人。

業務經理：這點子聽起來很不錯，雖然不容易做到，但也不是完全不可能。

---

3. Chandra Levy，一名在公園運動而被謀殺的美國女子，屍體在一年後才被找到。
4. 美國記者、作者、知名訪談節目主持人。曾主持多檔晨間電視節目如《今天》(*Today*)和《觀點》(*The View*)，以及晚間新聞雜誌節目，同時為美國歷史上第一位電視新聞節目女主播。

場景二：客服部門

企業軟體銷售部門業務經理：有什麼事情可以大幅增進客戶對我們的滿意度，但卻是你認爲不可能做到的事？

客服人員：知道客人在想什麼。可以預測買了產品的客戶中誰會是到處批評的抱怨王，事先做些處理好讓他們對產品沒有怨言。

業務經理：那要怎麼做才能讓這件事成眞？

客服人員：如果在客人購買的當下，詢問是否可以在一週後致電詢問對於產品的感想，提供更多的使用小祕訣，幫助他們更熟悉如何善用產品，這樣就能找出誰對產品會有怨言，趕快彌補。

業務經理：很好，那就這樣做吧。

方法就是這麼簡單，而且你可以隨意變化使用方式，不管是同事之間、上司對下屬或是員工對主管都行得通，但是可別只把這個問題鎖在辦公桌的抽屜裡，用它來解決家中大小事也很合宜。

譬如你可以問另一半：「你怎樣做可以減少加班時間來陪小孩，但是又不會影響我們的經濟狀況？」或是家中的青少年：「要怎樣做可以讓你嘗試各種你想做的事情，但是又不會危及你的安全？」也可以對年邁的爸媽說：「要怎樣做可以讓你放棄開車，但是又可以開心過日子？」

這麼問，你就能解決之前覺得解決不了的問題，而且對方也會從原本身爲問題來源，變成化解問題的幫手，而可能的解決方法是無窮無盡的。

智慧帶著走

請別人說出他心中認為不可能做到的事情時，他會自動降低防備心，開始思考解決方法。

行動藍圖

請家人或是工作上的伙伴列出他想完成但卻認為做不到的目標，以這句話為開頭：「我同意你的看法，這些目標聽起來真的像是不可能的任務，那要怎樣做才能化不可能為可能呢？」然後和對方一起集思廣益，讓夢想成真。

技巧②

神奇的反論

效用：讓人從抗拒轉變成傾聽；從「沒有人懂我」到「原來你懂我」。

要出人意表，
意料之中的事太無趣、太落伍了。
——史帝夫·史曹斯（Steve Strauss），《小企業聖經》(*The Small Business Bible*) 作者

魔術大多是騙人耳目的巧妙戲法，而我的這項「神奇的反論」可以騙過大腦；你要裝作好像要去完成與目標恰恰相反的事，效用就會神奇無比。

這個方法可以幫助你在說服週期最困難的階段，也就是開始的階段，突破別人的心防，讓他從抗拒轉而傾聽，並願意開始考慮。這是人質談判時標準的第一步驟，在

生意上遇到危機時也能發揮強大的威力。

想知道神奇的反論是如何發揮作用嗎？請想像你是部門經理，案子趕得要死，但是你的助手正在辦理離婚手續而無心工作，即使你已經盡可能督促他，他還是很情緒化，工作進展甚爲緩慢，眼看案子就要開天窗了。這時候該怎麼辦？你不想開除他，而且也來不及訓練新人了，你得找出方法幫助他振作，把心思放回到工作上，否則每個人都要跟著倒大楣。

聰明的話就別跟助手這樣說：「我知道你最近不好受，但務必要振作起來，你能力很強，只要遵守時間表應該就可以如期完成，大家壓力都不小，全靠你了。」

這種情況下，多半的經理人會這樣說，助理聽到後肯定會爲自己辯解，可能會回應：「是啊……但是」，意思是「你講的沒錯，但是時間就是不夠」，或是「沒錯……但是都沒有人幫我……」，**你愈逼他，他的防備心就愈強**，甚至會開始生氣，最後丟下「大不了辭職走人」這種話。

這不是你想要的結果，助理也不希望局面如此演變，你要去體會他的心情，然後給他來個出其不意：「我猜你一定覺得沒人能體會像你這樣很害怕無法如期完工的心情，也擔心會讓我們失望，而且覺得沒人了解你正在經歷的人生打擊。」

講完之後，見證奇蹟的時刻到了，因爲這個感同身受的舉動可以消除助理鏡像神經元受體不滿足的問題，讓他覺得原來你懂我，你們的關係就會拉近。**明確地說出你知道他認為沒人懂他，他就會覺得你懂**，這是第一個反論。

當你明白講出助理態度消極的理由，他就會變得比較正面，這是第二個反論。剛開始他可能還很矛盾，不會立刻變得全然積極，「對啦，現在眞的是一團糟，我知道這案子只有我做得來，我會盡量如期完成，但不要指望奇蹟發生。」這時，你要給他足夠的動力一路接受你的期望到底，他最後會說：「我知道我把事情搞砸了，但是我會彌補，再給我幾天時間，我會把落後的進度都追回來。」

一連串的「好」

神奇的反論是怎麼運作的？**其實就是要讓對方進入「贊同」的模式**（就像助理同意地說：「沒錯，我的生活眞是一團糟，而我也快吃不消了」），把對方的態度從不同意轉變成贊同某事。一旦建立起這種感覺，對方在情感上就會願意開始合作，而不是一味反擊。還記得第一章的法蘭克嗎？克拉莫探員就是運用這個溝通技巧而化解了一場致命危機。

我也曾經跟克拉莫探員一樣使用過神奇的反論來挽救許多生命，舉一個令我印象深刻的例子。曾經有一個極度沮喪的女子來看診，她被強暴後兩次想要自我了結。在進行心理治療的六個月當中，她只是坐在椅子上，話不多也不正眼看我，有一天，再度進行諮商時，她訴說了一些發生在她身上的可怕經歷，我的情緒嚴重受她左右，變得無比沉重，我接收到她所傳來的絕望、痛苦，如此沉甸甸的鬱悶猶如一層灰色的網，罩得我都快要呼吸不過來。

我沒有多想就脫口而出：「我之前都不知道事情這麼糟，我沒辦法幫助你自殺，如果你眞要自殺，我不會看輕你，而會想念你，也能夠理解爲何你會想走上這條路。」講完之後我自己都嚇傻了，哪門子的心理醫生會允許病人了結生命！但就在我說完之際，她抬頭看我，這是她第一次正眼看著我的眼睛，然後笑了，她說：「如果你眞的懂我想自殺的心情，那也許我就不用死了。」她痊癒了，之後也找到好對象結婚，生育了幾個孩子，還成爲一名心理醫生，正是因爲她，我發現了神奇的反論的力量。

神奇的反論也很適合當家中或是工作場合發生拉鋸戰，而你希望對方不要犯下嚴重錯誤時使用。我再跟各位分享一對母女的故事，蘿絲的女兒莉莉正値十幾歲的叛逆期，母親認爲她交到一個壞男友。

莉莉：（大聲回嘴）我受夠了！去你的規定，我要搬去跟萊恩住，我已經滿十八歲，你不能阻止我。

蘿絲：（深吸一口氣，勉強自己不吼回去）我們談談，我知道硬要你遵守家裡的規定，讓你很悶。

莉莉：沒錯！我都快窒息了！

蘿絲：我想你很生氣，是因爲大人都不懂像你這樣一個快成年的人還要跟父母一起住有多不方便。

莉莉：嗯……。

蘿絲：更糟的是，你一定覺得我們都不懂你的壓力，也不知道你做了多少困難的決定。

莉莉：（嘆了一口氣）眞的，你跟老爸問題夠多了，我不想拿我的事煩你們，尤其是老爸最近又被資遣。

蘿絲：這陣子的確是很辛苦，但是你的任何一件事對我們都很重要，如果我們可以坐下來好好談談，一定都會覺得心情舒坦許多，有沒有時間陪老媽喝一杯茶？

莉莉：好啊。

在談話剛開始時，莉莉把蘿絲當成了敵人，但是在媽媽使用了神奇的反論後，莉莉開始以一連串的正面字眼回應媽媽，情緒也不再持續高漲，沒多久便願意停戰。簡而言之，整個過程走完只不過是藉由幾句話，莉莉就從抗拒進入傾聽，再進入考慮的階段，媽媽終於有機會幫助莉莉免於做出會後悔一生的決定。

贏得信任之舉

神奇的反論並不只適用於幫助別人釋放情緒，或是說服他人做出正確決定，在你想贏得某人的信任時也是很好用的工具。假如辦公室裡有同事不太信任你，你希望對方知道你不是他的阻礙，神奇的反論也是很明智的選擇。

傑克剛受命管理洛杉磯一家律師事務所，公司希望可以增加女性合夥人，但是這圈子的人都知道這份工作很累人而且壓力非常大，對育有稚兒的女性來說更是難以兼顧家庭與工作，把孩子丟給保母、不能常常陪伴小孩讓她們很愧疚。

有一天，傑克經過年過三十的女合夥人雪倫的辦公室，看到她在座位上哭，原來是三歲兒子告訴她：「我討厭你必須去工作，我再也不愛你了。」雪倫堅守這份工作已經三年，聽到兒子這樣說讓她傷心欲絕，忍不住在辦公室撐著頭哭了起來，剛好被傑克從門縫裡瞄到。

其實這種事不是頭一回發生，但是之前的老闆毫不在乎合夥人的心情，傑克不是這種人，他有小孩並且感謝老婆願意在家專職帶小孩，他能夠理解像雪倫這樣家有幼兒的母親會有的失落心情。他願意著手改善公司的制度，讓員工在衝刺工作之餘能更兼顧家庭，但這需要時間，不是一朝一夕就能完成。

傑克輕輕敲了敲門，禮貌地問：「雪倫，我可以進來嗎？」

雪倫抬起頭說：「沒關係，我沒事，待會就好了。」

傑克知道她有辦法承受，但內心仍舊不安，公司承諾女性員工可以讓她們兼顧家庭，但卻只是讓她們蠟燭兩頭燒，他走進辦公室後關上身後的門。

他看著雪倫說：「我想你一定很難過老是夾在中間，不是得讓孩子失望，就是得讓老闆失望。老闆如果開心，那就是孩子難過的時候了，是不是這樣？」

雪倫看著傑克，停了一會兒後豆大的淚珠開始掉個不停：「我討厭讓孩子失望，也生氣自己達不到公司的期待，壓力大到我又開始抽煙了，而且還胖了十公斤。」

她停了下來，發覺自己不小心對主管洩漏太多心事，然後傑克回道：「我猜你一定覺得事情只會愈來愈糟，你卻無力改善，對不對？」

聽到這裡雪倫又克制不住地哭得更兇，傑克沒有阻止她，他知道雪倫需要排解難過和沮喪的情緒，他只是輕輕地說：「職業婦女真的很不簡單。」

雪倫簡單答了聲「嗯」，過了幾分鐘，她終於慢慢止住了眼淚，在情緒風暴過去了之後，心中的挫敗與無助感受也跟著消散。然後她站起來，走過去抱了一下傑克：「謝謝，你真是個好老闆，也是個好人。」傑克不好意思地笑了笑：「你是個好律師，也是個好媽媽！」

在這之前，雪倫視傑克為敵對的一方，她認為新主管絕對跟舊主管一樣冷漠，只會關心她的工作是否好好完成，對員工的死活毫不在乎。但在傑克步出雪倫的辦公室之前，她對他已徹頭徹尾改觀，覺得傑克是個肯替員工著想的主管，他對員工的尊重也讓她對他充滿敬重、更心甘情願繼續為公司賣命。

傑克促成了這樣的轉變，在極短的時間內就建立起跟底下員工未來多年的良好關係，甚至比有些人點餐所花費的時間還短，他是如何辦到的呢？這就是神奇的反論的祕密：**如果你希望別人令你驚喜，那你要先給他驚喜。**

智慧帶著走

談話時，如果你先替對方說「不行」，對方就會開始說「好」。

行動藍圖

找一個老是拒絕合作的同事，尤其是明明有能力、有時間、有資源做得到，卻故意找藉口或是一直用「好，但是……」來推諉的人。

① 跟他說：「我敢打賭你一定覺得自己做不到我要求的事，對吧？」如果你讓對方進入只能肯定回答的狀況，他一定會有點困惑地點點頭，並且因為你能了解他而減少一些敵意。

② 然後接著說：「我猜你很想直接告訴我你做不到，對不對？」對方很可能同意地點頭，甚至回答：「沒錯」。

③ 最後你要說：「你認為要完成這件事，除非是……」（口氣停頓，讓對方填空，說出心裡話。）

④ 然後跟對方一起合作，讓他說的解決之道得以實現。

技巧 3

同理心震撼教育

效用：改變人我之間的關係，讓對方從抗拒進入願意去做的階段。

憤怒比利劍更傷人。

——印度諺語

在早期，開始執業經歷過一段時間之後，我愈來愈厭煩聽到不願意彼此傾聽的同事、家人或是夫妻間的相互抱怨，受不了雙方或多方不斷爭論著「誰說了什麼」的猙獰面目。我也不懂爲何這些人都要搞到不是你死就是我亡。在這些幼稚的爭吵中，我頂多只能幫助他們暫時休兵，很多時候，我覺得自己彷彿是暫時把還在出血的傷口包上繃帶，無法從根本解決那個裂得很開的傷口。

我替肇事者起了個名字，叫「無知的怪罪者」，這種人把溝通視爲殺戮活動，冷酷地朝對方的失誤猛烈攻擊，絲毫不理會對方的心情。（在我的診間裡最常聽到這種一味指責的話：「他老是把有期限的案子拖到最後一刻，從來不聽我的建議，覺得自己什麼都最懂，總是一副居高臨下、很了不起的樣子，沒有人喜歡他，因爲他不懂得團隊合作，還有一件事……」）。

無知的怪罪者自以爲是地拼命訴說著問題的起因，他會告訴我及受指責方他的評斷，毫不在意另一方（同事、孩子或是家人）的想法是什麼，這些無知的怪罪者熱衷的不是交代事情的來龍去脈，而是竭力揭發對方的所有缺點、錯誤，等他講完就會往後一坐，看著我說：「這樣你要怎麼處理？」

很難讓這種人平靜下來或是閉嘴聽聽對方怎麼說，有一天，我聽從直覺在聽到半途就插話，也因此誤打誤撞出解套的大絕招。

爲我帶來曙光的是法蘭克林一家人，他們來找我是因爲十五歲的大兒子哈瑞，他很叛逆、不寫功課、不做家事，什麼事都不願意配合。父母試了很多方法，要他待在房間反省、停掉網路……都沒效果，甚至還得到更大的反效果，孩子整天繃著一張臉，視父母爲仇敵，在診間，我觀察到這家的媽媽比爸爸還要生氣。

這三人坐下來之後，我問他們前來的原因，媽媽便開始劈里啪啦，碎碎念著兒子的種種缺點，爸爸安靜地坐著，似乎是同意媽媽的說法，但是也懂孩子為何會有這樣的表現。在媽媽叨絮不休的當下，孩子雙臂交叉放在胸前，還把棒球帽拉下來蓋在臉上，很顯然他是被逼來的。

我必須讓這對父子也參與談話，但是又不能讓媽媽覺得受怠慢，我心裡轉著各種解決方法。終於想到一個方式。

「瓊恩，」我以堅定的口吻叫了媽媽的名字，避免聽起來有一絲不耐。「如果我問哈瑞，今天來這裡為何浪費時間又浪費錢，他會怎麼答？」

「什麼？」媽媽還沒數落完哈瑞又臭又長的缺點，所以腦筋一下子轉不過來。

我重複了一次剛才的問題，然後補了一句：「瓊恩，你站在哈瑞的立場想看看，告訴我為什麼他會覺得今天的諮詢既浪費時間又浪費錢。」

這時，情況有了很有意思的翻轉，媽媽終於閉上嘴巴；爸爸有點不解，好奇地看著我；兒子交叉放在胸前的手臂垮放下來，甚至下巴也抬低下來一點，表示我讓他有興趣聽了。

瓊恩想了一會後回道：「哈瑞覺得浪費時間，應該是認為媽媽又要唸個不停，爸爸雖然沒開口，但可能也是站在媽媽那邊，這跟在家裡有什麼兩樣？」

「真的嗎？」我看到媽媽已經從攻擊轉變成理解的階段，因此打算再推她一把：

「如果我問哈瑞對這件事有多灰心，你覺得他會怎麼回答？」

媽媽回答：「他會說他很痛苦，快無法再忍下去了。」

「那假設我問他要怎麼做，或是想怎麼做，你覺得他會如何回答？」

「他會說他只能繼續裝聾作啞，然後盡早遠離這一切。」

到了這時候，原本默不作聲的父子倆已經全神貫注在聽媽媽講話；然後我轉過頭去看爸爸，問他說：「你認爲你在處理哈瑞的事情上，哪一點最讓瓊恩覺得失望？」

這時母子都聚精會神想知道爸爸會說什麼，爸爸想了一會後說：「瓊恩應該會認爲我表面贊同她，但是又讓哈瑞覺得我挺他，認爲根本就是媽媽太超過。」

「如果我問瓊恩對老公這種態度有什麼感覺，她會如何回答我？」

「我想她會說覺得很孤單，每個人都跟她作對，沒有人幫她。」

聽到這裡，瓊恩開始哭了起來，然後說：「我很討厭自己必須扮演黑臉，但是小錯不管，將來可能會釀成大錯，如果哈瑞不看重這些小事，有天一定會遭殃的。」

這時候，我終於看到哈瑞藏在帽子下的眼睛，而且他也不自覺地放下原本交叉在胸前的手臂，我問他：「哈瑞，如果我問你爸媽，他們對你是覺得失望、沮喪還是擔心，你覺得他們會怎麼回答？」

哈瑞猶豫了半晌，然後似有所悟地說：「他們兩個應該都會說是擔心我。」

「他們是在擔心什麼呢？」

「他們擔心我最後會一事無成，窮困潦倒……，但是他們什麼都要管，我快喘不過氣了。」

「我知道他們管教小孩的方式有待商榷，那我們先聊完你剛說的第一點，你若一事無成、窮困潦倒關他們什麼事？」我問。

「因爲……他們愛我。」哈瑞彷彿是有生以來第一次領悟到這件事。

就這麼輕而易舉，整個諮商已轉變成父慈子孝的畫面，一家人開始非常合作，沒有人還在生悶氣、互相攻擊、或是讓對方難堪。三個人說話的口吻充滿了愛與關懷，不像初進診間時，好像是染上狂犬病似的，一直想撲到對方身上亂咬。

經由這次的新發現，我開始利用這個技巧來幫助患者修復與事業合夥人、主管或下屬之間的鴻溝與裂痕（原則3開頭就是一個很好的例子，我用這個技巧幫助兩位反目的律師握手言合），因爲它可以讓彼此交惡、憎恨的人立刻放下敵意，設身處地爲對方著想，我們可以把這個技巧稱爲「同理心震撼教育」。

同理心如何起作用

同理心是感覺上的體驗，它會啓動神經系統的感覺區塊，包括之前提到的鏡像神經元也是一樣的原理。但是，生氣憤怒是屬於「運動動作」(motor action)，大多是在認爲受別人傷害時所產生的反應。因此在讓人跳脫生氣狀態，轉而進入同理心的過程，「同理心震撼教育」就會讓大腦從動作大腦 (motor brain) 切換至感覺大腦 (sensory brain)。

也可以換種方式說：憤怒與同理心就像是物質與反物質，無法同時並存，換一個進來，另一個就必須離開，因此當你幫指責者替換上同理心，他的憤怒也會立即消失得無影無蹤。

而處於防衛、氣到內出血的這一方原本感到很挫敗，因爲他很像個人肉沙包，一路挨打，因爲不管他怎麼表現：我很抱歉、我很困惑、我很害怕、我這樣做是有原因的……無知的怪罪者不知是聾了還是瞎了，就是毫無所動，被攻擊的這方通常就會選擇沉默下來，隱忍心中熊熊的怒火。

然而，如果怪罪者突然意外地醒悟原來對方很難過、生氣、害怕或是孤單，他當下就會立即投入對方的陣營；被攻擊者在對方終於懂得他的感受後，防衛心也會瓦解，將對方視爲盟友。因此，心中那道防禦的高牆以及隱忍的怒火、沮喪自然就會消散，不再對怪罪者感到恐懼或是厭惡，感激之情會取而代之，憤怒也會轉換成原諒，更棒的是他會願意配合，一起找出解決之道。

同理心震撼教育的應用時機

當你生命中重要的兩個人，殘酷地相互攻擊，無法理性溝通，或是某一方只是一味在傷害對方而不願意傾聽時，同理心震撼教育是一個很棒的調停方法；一發覺場面快要失控時就可以使用，提供一個案例給各位參考：

軟體部門經理：公司已經宣布這套軟體下週發表，但是我剛得知發生了問題。

賽門：沒錯，是出了問題。麗金給的時間不夠，她設定的期限根本就是痴人說夢，沒有人做得到。

麗金：（暴怒）如果賽門照我說的去做就一定可以來得及，他浪費了三天時間加了根本沒人會在意的花俏設計。就是這些無用的功能害我們無法準時讓產品上市，這個錯不要怪在我頭上。

經理：了解，在我們討論軟體發表的事情之前，先來談談其他的事，你們兩位在各自的工作上都表現得很優秀，事實上，是我共事過的人裡頭能力數一數二的。我知道要你們合作很不容易，但請先各自回答我同一個問題，看看是否能改善你們共事的情況？

賽門與麗金：（都很不認輸地應了聲）好。

經理：那就從麗金開始，你覺得與你共事時哪一點最令賽門頭大，如果我問賽門的話？

麗金：（沒料到會是這種問題）嗯……我想他會說我不尊重他的專業，我只在意完成的時間，都不會想讓產品做到最好。

經理：那你的要求會讓他怎麼想？

麗金：他會很生氣，因為……好吧，我知道他很想讓這套軟體成為市面上最強的產品，但這是做不到的。我真的可以理解，但這不是公司的做事方法。

經理：謝謝你的回答，我很感謝。賽門，同樣的問題，你覺得與你共事哪一點最讓麗金頭大，如果我問她的話？

賽門：（敵意已經因為麗金了解他的感受而瓦解）嗯……我會說我明知上級要求如期完成，但我還是一意孤行，把時間耗在公司沒要求要有的功能上，不能準時上市會害她受上頭指責。這個我懂，我真的懂，只是如果讓不完美的產品就這樣上市，我實在無法接受，當然我也知道這對麗金來說很為難。

經理：那你一意孤行會讓她作何感想？

賽門：大概會害怕因此丟了工作，或是氣我搞砸她的案子。

經理：謝謝你們誠實地回答。現在我們三個一定都得想想，該如何先在期限內達成目標，但是之後你們是否願意一起討論，怎麼做可以讓賽門設計出完美產品，麗金也能給上頭交待？我有信心你們一定可以找出很棒的解決方法。

使用同理心震撼教育時，要避免把自己的意見摻入談話之中，這樣行不通，即使是正面的看法也不行（像是「我同意你說的，賽門眞的很有才華」），你的目標是要讓兩個人能夠倒映彼此，你擋在中間的話，他們就無法做到這點，因此**你要做的是引導這個過程，而不是跳進去插一腳**。

再來，你要知道自己跳下來不是爲了解決眼前問題（像是孩子過了宵禁時間才回來、同事沒有按時完成工作等），你要做的是引導別人切換至他們能彼此自行解決問題的狀態，他們才有辦法應付下一回發生的問題，以及日後所發生的問題。

正確地使用這個技巧，將來需要解決的狀況就會變得愈來愈少，因爲試過這個方法之後，人們比較不會一心要毀掉對方，而會希望事情圓滿解決，讓雙方都開心。這是因爲他們「體驗過」當對方的心情，至少有那麼一刻，並且知道那樣的滋味。

類推的效用

你也可以使用同理心震撼教育讓對方了解你的感受，譬如說有個同事老把事情做一半，常要勞煩你收拾爛攤子，你可以這樣問他：「如果客人在承諾的時間沒匯款項過來，你收不到錢但又不能得罪客人，又得擔心他不付錢，會不會覺得很悶？」

當這個人回答了「會悶啊」之後，你可以繼續問他：「那你會不會很生氣，甚至很害怕再跟這個客人做生意？」

同事回答了「會」之後，你可以更溫和地說：「知道被人丟著不管的感受後，你還會對其他人這麼做嗎？」

你應該會得到「嗯，當然不會」的回答，這時你就可以說：「這就對了，在我必須仰賴你完成一些工作，卻不知道你會不會如期完成時，就是這種感覺。我很喜歡你，所以不想給你難堪，但是每每想到也許又得要幫你收尾，就覺得很煩、很擔心。」

對方很可能會默默地把這段對話記在心裡，同理心震撼教育可以讓對方以後更用心配合。

自己也來上一堂「同理心震撼教育」

你也是無知的怪罪者嗎？其實每個人三不五時都很容易犯這個毛病，如果你發現自己容易與人發生激烈爭吵，然後一直想責怪對方，那麼趕快採取行動：搖醒自己的同理心。

方法如下：

①在家人、同事或是朋友之中，挑出經常讓你失望、生氣或是很受傷的人。

②回想他曾做過讓你煩心的事，這個行為至少要讓你覺得至少有八分以上的氣惱（以一到十分來評斷），在腦海裡想像當下的場景，觀察自己在經歷此事時有何感受。

③現在站在對方的立場思考，想像我這個心理醫師幫你問他，你做何事最讓他生氣、失望或是覺得很受傷。替他回答，也許他會說：「你吹毛求疵、很愛批評別人、老是想博得別人的同情或是很會指使別人……」請誠實說出你給對方的負面感受。

④接下來，想像我問他：「這些行為會讓你很受傷和難過嗎？」設身處地感受對方的心情，你就會說出：「嗯，很受傷、很難過。」

⑤接著想像我問他，請說出一件你曾經讓他很受傷的事。請回想你做過什麼

讓他覺得受傷的事，並以他的角度來描述經過。

⑥ 最後以一到十分來評量你目前還有多氣對方。

做完之後感覺如何呢？心裡剛開始的感受是生氣，**但設身處地為人著想後，心裡的憤怒程度大多會跟著降低**。當我在引導一群聽眾這樣做時，憤怒指數會從八、九分降到三、四分。這是因為你無法在與對方感同身受的同時又能恨他。

下次你又氣到想揍飛他時，請深吸一口氣，找個安靜的地方，先做一次這個練習，你極可能就會放下很多怨恨與負面情緒。

智慧帶著走

沒有人能夠在好奇想了解一個人的同時又想攻擊他。

行動藍圖

想要同理心自然而然發生的話，可以每天練習一次同理心震撼教育。譬如你討厭的同事正在和奧客講電話，你可以自問：「如果我是他，和奧客講電話會不會很生氣、失望或是難過？」或是主管今天比平常白目，你可以問自己：「如果我要承擔像他這麼多責任和擔憂那麼多事，我的心情會如何？」你愈常這樣練習，周遭的人就愈不容易帶給你壓力或是痛苦，你也會愈來愈能影響他們。

技巧④

逆反操作：同理心震撼教育續集

效用：創造同理心，引導表現欠佳的人從抗拒直達願意去做的階段。

謙遜正是有力量的明證。

——湯瑪士．默頓（Thomas Merton），特拉普派（Trappist）修士

文斯很偷懶，以他的聰明程度要做好法律助理的工作絕對沒問題，但他總是便宜行事。經常不把事情做全，交差的工作馬虎草率，與他交手過的人都很受不了他，當同事加班趕工時，只有他會準時下班。

雇用他的事務所原本以為找到好人才，沒想到文斯竟然跌破眾人眼鏡，讓大家都很失望，只能說文斯在面試時太會演了。

有一天，文斯的主管打內線來要他進去辦公室，一放下電話，文斯就開始擔心，上司是不是已經注意到他不優的表現，一顆心七上八下，心中充滿著防備、恐懼與憤怒的複雜心情。

文斯的主管泰瑞走到門邊接他進來，請他坐下，又請他喝咖啡，簡直是把文斯嚇傻了。

這位主管照我教他的方式，隻字不差地這樣說：「很抱歉，我一定是做了什麼事讓你非常不開心，我在這裡向你道歉，我想我做錯的事情有……」

半個小時之後，文斯回到座位上，整個變了一個人，從到班的第一天以來，他從沒有這麼勤奮又細心，而且開心得不得了。

這個主管做了什麼，在短短三十分鐘內讓文斯改頭換面，從令人頭痛到活力洋溢？其實他就是運用了會令任何人都驚訝的一個技巧，我稱之爲逆反操作（因爲跟別人的預期完全相反），跟上一章同理心震撼教育的道理相同，但是要直接「面對面」進行。

很適合用在有能力但卻不盡全力的人身上，我強烈建議你可以照下列方式來做：

①告訴對方你想花個十分鐘和他小聊一下，時間最好訂在他可以心無旁騖的時候，要是對方說可以放下手邊的工作馬上去找你，可以禮貌地說不是很緊急，可以等他都忙完之後再過來。

②你要先想出三個你可能讓對方生氣的點，要明確恰當。譬如說，你覺得對方會氣你只有無聊的案子才會丟給他；沒有給足夠的預算購買他想要的配備；有時候前任員工留下來的爛攤子，還會怪在他頭上。請先放下自己不滿的地方，設身處地以他的立場來思考。

③會談時，對方一定會認爲你打算責怪他而有防備心，但是你要讓他大感意外：「你大概預期我會像平常那樣削你一頓，但是我一直在思考爲何你會有這樣的態度，應該是我讓你失望了，有幾件事你也許不敢說是因爲我聽了只會反駁回去，這些事情應該是……」明確說出三件你覺得最讓他失望的事。

④最後以下面的話作總結：「我講的這些都對嗎？如果不是，那我做了什麼讓你對我最不高興？」好好傾聽對方要講的話，聽完後稍停一會再說：「這些事情對你來說有多困擾？」

⑤在對方回覆（態度應該有點畏縮）後，眞誠地說：「是喔……我都沒發覺，不過我當時大概也沒心想要知道，很抱歉，以後我會改進。」

⑥然後停住不要說話，如果對方問：「還有其他的事嗎？」你要眞誠地說：「沒有了，我想講的就這樣，很感謝你告訴我實話。」要是對方執意知道你爲何突然講這番話，可以如下回應：「我知道我做錯了些事，也知道大家不敢告訴我，如果我能了解自己的不足之處，一定可以做得更好，爲各位創造更優質的工作環境。」

你爲什麼需要這樣做，這明明是你最不想做的事？答案是：因爲別的方法沒有用，這個方法最管用。放任散漫的人渾水摸魚，問題會愈滾愈大。如果選擇當面指正，想聽到對方道歉、承諾以後改進，其實只是在樹立新敵，即使表面唯唯諾諾，但是一逮到機會，他一定會想法子在背後扯你後腿。

反倒是你出其不意地道歉，情況會有一百八十度的大逆轉。對方會立即放下防衛心，倒映你的謙遜與關懷，你說要對自己的行爲負責，承諾願意改正錯誤，此舉也展現了你的大氣、高尚及自信，對方一定會打從心底尊敬你。

這些原本態度不佳或是故意忽視、陷害你的人，會出現大幅度的轉變，**你已經贏得他的敬意，現在換他擔心自己會令你失望**。你會發現對方的態度與工作表現都立即提升了許多。

除了工作場合，你也能使用這個技巧來處理孩子、家人或是朋友的問題（尤其是對孩子特別有效）。我舉唐娜的例子來和大家分享，她有個原本很要好的朋友最近一再讓她失望，她靠著這個技巧挽救了友情：

雪倫：（午餐約會遲到卻又一副刺蝟態度）嗨，不好意思我遲到了，應該又讓你更氣吧，我知道你還在氣我沒參加你為喬哥辦的派對，又忘了把你原本要穿的衣服還你。

唐娜：喔，沒關係啦，又不是請你來參加三姑六婆的批鬥大會，其實我才是應該道歉的人，我一直在思考我們這麼多年的友誼，才發現原來我也很糟糕。

雪倫：呃……你說什麼？

唐娜：我想你一定覺得我很煩，老是抱怨忘了還衣服這種小事情，我們倆本來個性就很不一樣，你比我隨性，你也不喜歡老是由我在決定事情，而且我可能講太多我跟喬哥之間的事，不夠關心你，你一定很難過。

雪倫：嗯，沒關係啦，也許是有一點，但沒有人是完美的，我不會跟你計較這麼多，反倒是很感謝你竟然懂得我在想什麼，每次碰面你幾乎都一定要帶喬哥來，的確是讓我有些吃味，有時候我只是想好好跟你聊聊姐妹經。

唐娜：很抱歉，那會讓你抓狂嗎？

雪倫：（大笑地說）有一點，但應該比不上我老是臨時放你鴿子更讓你跳腳，我眞的很抱歉，我會把約定的時間寫下來。你也知道我靜不下來的個性，我會努力改善看看，我很重視我們之間的友誼，我眞的得好好改進才是。

使用逆反操作能讓對方卸下心防，激勵叛逆的下屬，但也可以用來修復近乎決裂的友誼。

我在當實習醫師時也曾經和朋友鬧翻，年輕人的心思總是過於敏感纖細，我就是因爲對方的一個無心之過而感到非常受傷，不再和他聯絡，後來實習結束後，他搬到了一百多公里外的城市。

簡而言之，我們就這樣有整整二十年沒聯絡，有一天我領悟到原來我是如此執著，多年來都無法放下心中的怨恨，我在看診過程中見過太多人因爲不肯原諒而痛苦，因此期許自己不要當這樣的人，那麼我這二十年來的放不下又算什麼？

我突如其來打了通電話給他，我是這樣說的：「法蘭克，我打這通電話是因爲這麼多年來，我心中一直對你懷有一股小小的怨氣，我甚至記不起來當初是在氣什麼。不是你有錯，而是我過度反應而中斷了這段友誼。現在我提起勇氣打這通電話，問候你和你的家人，畢竟我們在實習時是最好的朋友。」

法蘭克生性樂觀開朗，在實習時就是很受歡迎的人，還獲頒「最佳實習醫生」獎，看來他的個性一直沒變，他的回答就像我們從來沒有過嫌隙一樣：「馬克，眞高興接到你的電話，我從來不覺得我們之間有什麼不和，我們只是因爲搬到不同的城市，忙著各自打拼過活，沒有時間聯絡而已。」

簡短地聊了一會兒之後，我們掛了電話，我眞覺得自己傻得可以，也未免太過神經質了（你一定在想：「心理醫生不是都這樣嗎？」）。

故事還沒結束，這通遲來的道歉電話一定感動了法蘭克，因爲兩天後他來了電：「嗨，馬克，你這週末要做什麼？有空的話，我想帶家人去洛杉磯找你們。」

我運用逆反操作化解了自己製造出來的積怨，然而，這通常也可以用來化解別人造成的問題，逆反操作可以讓一個人的態度在瞬間從抗拒轉變成合作，但是要用在對的人身上。可以受教的人，他需要的是一點誘因來鼓勵、刺激，就能有長足的進步。如果你遇到的是原則9提到的愛占別人便宜的人或是自戀狂，那麼此技巧就會撞壁，沒什麼效用，因爲他們不懂得互惠、報答別人的好意。

當你不確定是要繼續或是放棄一段關係，你可以利用逆反操作來作診斷，如果對方願意改善，回報你所釋出的善意，那麼這段關係就值得繼續經營。若是事後他依然故我，毫無改進，你也就無需多浪費力氣，要做的只是毅然揮手說再見。

智慧帶著走

一分道歉勝過十分怨恨，還可以贏過百分消極抵抗。

行動藍圖

邀請一位讓你失望的人一同吃頓飯，碰面前先掂掂自己對這個人的失望程度，以一到五分來計算（五分是極度失望），見面時使用逆反操作，向對方道歉你可能做了些讓他討厭、難過或是惱怒的事。

一個月之後衡量自己對他的失望指數，自從碰面後，是否有大幅下降？有的話，那這招就有用了；若是失望程度持平甚至走高，也許就該讓這個人慢慢離開你的生活，因為你面對的是一個自戀狂，你們的未來不會更好，他只會不斷帶問題給你。

技巧⑤

你真的這麼認為嗎？

效用：幫助情緒失控的人降低他的怒火或是恐懼，從抗拒進入傾聽階段。

誇大就是失去冷靜的事實。

——紀伯倫（Kahlil Gibran），詩人

這個小妙招是我朋友史考特．瑞柏葛（Scott Regberg）教我的，他在洛杉磯開一家公關公司，專門舉辦像是總統電視辯論或是全國性的大型會議等活動。如果你參與過這種規模的活動策劃便知道，那得要有派頓將軍（General Patton）那鋼鐵般的意志，還有那等強的組織能力。

但最重要的本事是什麼？史考特會告訴你說，要成功舉辦大型活動不辱使命，表面上又能看起來輕鬆不費力，你要很能溝通，並且在舉辦日期逼進時，讓每個人持續保持冷靜，這可是包含了客戶、策展人員、設計師、美編等從上到下幾百位參與活動的人。

說到讓每個人各安其位，史考特最厲害的是安撫那些一點芝麻小事就急得團團轉的人，好讓事情都能照計畫進行（若有辦過婚禮、成年禮的話，你就知道我在說的是哪種人）。想知道史考特是怎麼辦到的嗎？碰到有人失控跳腳，大聲嚷嚷事態多嚴重、嚴重到有如世界末日要來了等等，史考特只是很簡單地反問對方一句：「你眞的這麼認爲嗎？」

這句反問效果極佳，因爲當你很鎭靜地這樣問時，會讓誇大其辭的人退縮，把狀況重新描述過，他們通常會一邊撤退，一邊說：「嗯……好像也還好，不過這些事情眞的讓我很煩。」他們會改變原本的堅持，這時候你可以說：「我了解，但是我需要知道事情的實際情況，如果眞如同你說的那麼嚴重，事情就大條了，我們一定得開始動員處理。」這時，對方已經縮回去了，權力就重新回到你的手中。

不過祕訣是，在提問「你眞的這麼認爲嗎？」，**口氣或態度上不可帶有敵意或是讓人感到被侮辱**，你只要和緩、直接地問就可以了。你的目的不是要去和這個人敵對，而是要讓對方不再大驚小怪，讓他自己領悟到：「哎呀，我眞是小題大作，我剛才一定表現得很蠢。」

通常，你要做的只是問完這個問題之後，再加上一兩個問題，請看下面的示範：

伴侶：天啊，眞不敢相信我們又要爲了錢而吵架，去他的，反正我都贏不了你，因爲每次我只要一提到擔心錢不夠時，你就會故意出門去買更多的東西，還譏笑我太小氣，是不是要我們破產你才甘願。

你　：你眞的這麼認爲嗎？我眞的每一次你告訴我擔心錢不夠時，都有跑出去買東西，然後還笑你太小氣？你眞的認爲我希望破產才甘願嗎？

伴侶：沒錯，因爲你的表現就是如此，好吧，你並沒有眞的完全是這樣，但是你就是給我這種感覺。

你　：我懂你在說什麼，但是我必須知道你眞的認爲我不關心財務狀況，希望我們破產嗎？要是你眞的這樣想，那我們之間的誤會可大了，得好好談清楚。

伴侶：（敵意降低）天哪，我不是這個意思，好啦，我是有點誇大，只是每次我想跟你聊聊我的煩惱時，你總是三言兩語把我打發。

你：　眞的是「每次」嗎？

伴侶：（不好意思地微笑）好啦好啦，也不是每次，只是很常發生，但這樣眞的很討厭。

原本會是一場以牙還牙的爭辯，彼此互相抱怨，竟可以因此很快就轉變成互相協調的談話，達到溝通的目的。

假如你面對的是一個很愛抱怨的人，你居於高位，不用擔心會丟工作或是搞壞關係，那你可以嘗試像是打「類固醇」的強效版本，請看下例：

比爾：（汽車超級業務，突然就衝進經理辦公室）我是要怎麼做才能拿到他媽的打好的訂單？這裡的人都智能不足，什麼事都不會做嗎？全都是一堆飯桶、智障！

經理：你眞的這樣認爲嗎？

比爾：（沒料到經理來這招，甚至忘了自己方才氣頭上說了什麼）你說認爲什麼？

經理：（語氣平穩、堅定、愼重）你眞的認爲這裡的每個人都不會做事，每一個人都是笨蛋嗎？你眞的這麼認爲這裡沒有任何一個人會做事嗎？

比爾：（很窘迫地被捉到言過其實）嗯……也不是每一個人啦，但是急著要東西時，都很難要到。

經理：（窮追不捨問下去）比爾，我是認眞的，眞的是這裡每個人都能力不足的話，問題就嚴重了，我需要你的幫忙，把這些問題連根拔除解決掉。

比爾：（情緒平靜了一些）哎唷，不是啦，我只是在氣頭上，當然不是每個人都無能。

經理：我知道你在氣頭上，但我眞的需要你的幫忙來解決問題，你什麼時候有空？

比爾：哦，不用這樣啦，我最近太忙了，我剛只是因爲很生氣所以就發洩出來。

經理：好吧，不氣了就好，那告訴我你眞正需要解決的是什麼問題，我不希望你以後又氣成這樣。

比爾：（開始平靜地說出需要幫忙的地方）首先，我需要……。

你可以看到比爾多快就平靜下來了，而且下次又要火山爆發時，一定會記得這回的尷尬場面，這個記憶絕對會提醒他得把脾氣控制好。

當然每隔個幾年，你也會碰到有人在聽到你問「你眞的這樣認爲嗎？」時，會用力地回答你「沒錯！」，那你要敞開心胸，好好聽清楚對方要講的話。一個人大膽到回答「沒錯」時，應該有正當的理由，問題一旦眞的解決，他就會更開心，更有生產力，因此不管你得到的答案是「沒錯」或「不是啦」，都能因爲這麼簡單的一個提問，就解決掉大麻煩。

智慧帶著走

在想跳下去解決問題之前，先確認那是否真是需要解決的問題。

行動藍圖

回想一下有沒有人經常誇大問題，讓你疲於應對他戲劇化的講話方式，一看到他就想轉身逃跑？

下一次，當這個人又開始抓狂時，你不要把他的話放在心上，左耳進右耳出就好，只要安靜地在心裡默數五秒，然後說：「你真的這樣認為嗎？」就會看到對方的態度開始縮回去，但是你要繼續請對方把問題的詳情講清楚（如果真的有問題的話）。

技巧⑥

「嗯……」的力量

效用：讓難過或生氣的人平靜下來，讓他從抗拒進入傾聽，再從傾聽進入認真考慮的階段。

最棘手的客戶就是可以讓你學到最多的人。

——比爾・蓋茲，微軟總裁

假設你是位業務員，公司很擔心銷售業績下滑，於是雇我來訓練你們，想用我建議的技巧來提高業績。但是你很排斥接受訓練這件事，氣到沒辦法，於是拼命找碴。

我們一起碰頭吃午餐，你直接嗆我：「我不懂為什麼需要學這種突破心防的爛招數，為什麼我不能照以前的專業去做就好？為什麼我不能直接問顧客想買什麼，預算多少，然後就帶著他們去付錢？我真沒時間和心力學這些心理學的怪東西。」

你預料我包準會大發雷霆或是為自己辯解，因為你批判的可是我在教的「心理學爛招數」。

但是我沒有，相反地，我只是回應：「嗯……」，感覺是要你能更清楚地解釋。

你只好繼續說下去：「我真的很討厭為了銷售得學這些東西，我已經很會推銷產品了，學這些沒什麼幫助。而且我也讀過好幾本這類的書，講得都算有道理，實際測試後也發現有用，但是過一陣子就會忘了用，所以效果並沒有持續。」

「真的……」我這樣回你，你再度被我嚇到，我的口氣好似督促著你再多說一些，於是你又開口。

你說：「沒錯，這真的很討厭，我是說，也許這些招數在你看來很正常，但我是業務，肩膀上已經扛著夠多的壓力和工作量，還要記得自己半年前讀過什麼，這真的很麻煩。」

「所以……」我以了解的口氣回答，似乎鼓勵你再多說一些，也讓你決定話題的方向要怎麼走。

你繼續說：「所以……我知道聽起來好像我很愛抱怨，我也知道這些技巧有幫助，我之前就已經嘗試過，也許重點是我必須試看看你教的東西，如果效果不錯的話，我就得下決心好好用下去，那就不用一直重複學習同樣的東西。」

這次我回應他：「你多半是沒有計畫地運用這些技巧，結果當然也是有時成功、有時失敗，這樣很討厭，所以我能了解為什麼你會覺得挫敗。」

「沒錯，就是這樣。」你叫了出來，然後又說：「當然我是自作自受，我不喜歡覺得自己無能為力，這次我一定要好好下定決心來學習，每天都要用心執行，直到習慣成自然為止。」

我回道：「知道嗎，有一個方法還蠻不錯的，我都這樣教給我的客戶，只要你持續做同樣的行為二十一天後，就能養成習慣，就像是提醒自己要記得用牙線。」你聽了之後想了一會兒，然後對我點了一下頭。

「那你想要怎麼做？」我問。你停了一會兒，衡量了一下自己的處境，用叉子撥著生菜沙拉，想著業績不好、客戶難纏、做不到目標額就無法養家活口等等，然後你抬起頭看著我說出結論：「這已經不是我想不想做的問題了，我必須要全力以赴！」

我啜了一口咖啡，不急著回覆，然後問道：「為什麼這次你終於會覺得非做不可呢？」

你又想了想，然後說：「因為這次再不做大概永遠都不會去做了。」

「很好。」我回答。在主餐送上桌之前，我們就已經成為盟友，打算並肩一起努力了！

剛剛是怎麼一回事？

你一開始很不高興，覺得很沮喪，防衛心也很重，認爲我們的午餐約會的氣氛只可能愈來愈糟。你每一次把氣出在我身上，就會停一下，本能地認定我一定會反擊，會開始長篇大論想教訓你，想改變你的想法，或者責備你出現這種消極行爲。不過我如果眞的照你的預期演出的話，你一定會跳起來和我爭辯個不停，就算你心裡接受我的論點，口頭上也不肯認輸。

所以我用逆反操作，沒有抬起機關槍對你掃射，反而鼓勵你把事情講得更清楚些，只回應簡單的幾個字，像是：「嗯……」、「眞的……」、「所以……」，我每多用一個，你的態度就更軟化一些。到你最後講完之前，已經忘記要堅持說我的招數不管用，反而努力要說服我，這一次你會成功。

當你遇上生氣、或是態度敵對的人，而且你八成是那個推他進入痛苦深淵的壞人時，「嗯……」是很不錯的工具，在很多情況下都適用，不管是要面對綁匪或是氣急敗壞的顧客，都可以讓原本很火爆的衝突快速降溫下來，最後變成握手言歡的交流。怎麼做到的？

大多數的人在面對生氣或是痛苦的人時，都會選擇完全錯誤的對應方式，譬如你可能會說些好意的話，像是「好好好，冷靜下來」，不然就是自己也跟著發作，也開始狂怒起來（「哦是嗎？你以爲我教的是垃圾，你大錯特錯了，我可以證明給你看」）。不管是哪個方式都可能產生可怕的後果，惹惱對方，結果只會換來兩個人互相叫囂；**禮貌地要對方平靜下來，其實會讓人更生氣**，因爲這樣會給人一副高高在上，「我很理智，你是亂咬人的瘋子」的感覺，這兩種回應都會火速招致對方更拒你於千里之外。

相反地，「嗯……」這一招反而是像下臺階，你用這個技巧，而不是叫他閉嘴，可以讓他知道：「你對我來說很重要，你的問題我很重視。」這帶我們回到鏡像神經元的概念。

不管理由充不充足，人們在啓動攻擊模式時，通常都是覺得自己得到不平等待遇，覺得生氣或是挫折的顧客尤其如此，這樣的人在生活各個面向中也經常覺得受到傷害，但他們會先忍住再一次大爆發在安全的對象上，例如踢路邊的小狗或是把氣出在你身上，因爲對老闆、老婆、警察……發作的話，很可能會被炒魷魚或是離婚或是遭到逮捕。

如果你也一副要防衛或是反擊的態度，會讓對方更確認你覺得他做錯了，他不重要（或很蠢），那他的鏡像神經元受體不滿足的程度會更嚴重，形同火上添油。但是你若可以違反本能衝動而去鼓勵他們分享心中的想法，就會減低對方的怒氣，你付出的是尊重與重視，對方會有種非回報你的好意不可的心情，就會釋出善意回應。

我都稱「嗯……」這個技巧為「關係強化器」，這讓對方知道他的話很重要，很值得你認真傾聽與用行動回應，你會注意到，其實你完全沒有在給予任何承諾。**這樣做的唯一目的是讓對方情緒緩和下來，讓你能夠找出真正的問題點，想出實際可行的解決方法**。

因此在你遇到大發雷霆的客戶時，第一道防線就是先祭出「嗯……」的方法，下頭的範列供大家參考：

客戶：（口氣火爆）你們公司賣給我的是垃圾，產品爛、服務更差，你們公司都是一群說謊的爛人。

你　：（以鼓勵客人多解釋，很願意聽的口氣）嗯……

客戶：（生氣地罵）你在嗯……，是什麼意思？

你　：（堅定平靜地）我是在想，很重要的是我們必須即刻處理、改正、解決問題，絕不能讓情況變得更糟糕，我們不希望讓情況更糟，您說是嗎？

客戶：（口氣變得和緩）呃，是啦，但是你要能幫上忙真的是不太可能，你不知道你們家的產品害慘我了。

你　：（誠懇地）可否再多解釋一點。

客戶：哼，你有這麼多時間？好，是你自己要聽的，上次跟你們買的GPS無法使用，我寄回修理後，你們回寄的是一只重新組裝的舊品，而且機器的外觀都被刮花了，看起來像個垃圾東西。

你　：我懂你爲何這樣生氣了，還有其他的問題嗎？

客戶：（口氣變得柔和些）呃……其他的都算小問題，我提出抱怨後，你們也幫我作過更換了，但是我後來再幫太太訂的這一台GPS又一樣不能用，我寄電子郵件給你們卻完全沒有得到回應。

你　：眞對不起，一定會盡速爲您處理，這應該是上次更新軟體之後造成的，我們可以寄給您下載更新軟體的網址。我會把我的專線號碼給您，萬一還是無法解決，您可以直接打這支專線找到我，我們再找別的辦法解決。那除此之外，請問您還有其他對我們公司的指教嗎？

客戶：呃，就是我對你們的客服很不滿意，不過，你除外啦，看來你們也許有改進，很抱歉剛才對你大呼小叫，產品有問題帳不能算在你頭上。

你　：沒有關係，我能了解您的心情，那現在讓我們解決您手上這台的問題……。

再仔細重讀一次上面的對話，你會發現很有趣的一點。電話一接通，客人就像拿著槍直接朝你的心臟掃射：公司的產品爛、服務差、你們個個都是騙子，但是幾分鐘之後，矛頭開始轉向，不知不覺地，客戶生氣的對象換成是「他們」或是「你的公司」，爲何會如此，因爲客戶現在覺得你們是站在同一陣線的，他不想傷害你，一旦對話出現這種轉機，你就不用再忙著找掩護，可以跟對方一起找出解決辦法。

「嗯……」這個技巧可以很快化敵爲友，在生活各領域中也有不可思議的效用，尤其是處於容易起衝突的場合時，隨便一句話就可能會鬧到不可開交。比起電話那頭的陌生人，我們在面對伴侶或是孩子時，更可能會直接對他們的怒火有所反應，因此在開口前，一定要先整理好自己的思緒。當你完成原則1「從咒罵到說ＯＫ」的平撫心情練習，確認可以自我控制之後，可以這樣說：

伴侶：太過分了，我眞的難以置信耶，你不是答應我這個週末終於要一起出去度個假，現在又出爾反爾，你老是這樣！

你：嗯……

伴侶：嗯……什麼？你那是什麼意思？

你：就是我知道你很期待出去玩，我眞的很抱歉案子做不完得趕工，實在是抽不開身。

伴侶：每次都這樣說，每回都說案子十萬火急，太令人生氣了！

你　：所以……

伴侶：所以我眞希望你可以換工作，選一個壓力不要這麼大的工作，不然就是知道自己做不到時就不要給承諾。不然、不然……我也不知道該怎樣啦，反正就是希望這種爛事不要常發生，我知道你也是這樣想，一時要換工作也很難，你的心情一定也不好受。算了，對不起啦，我只是太失望了，很抱歉把氣發在你身上。

我們再一次看到這樣做的目的不在於解決當時你正面對的問題，雖然偶爾也會。相反地，這樣可以避免雙方互相抱怨，讓對方感覺你眞心想溝通，幸運的話，你們就可以開始對話。一旦開始對話，你們就能像盟友般一起找出解決方法，而不會演變成朝對方猛丟石頭。

「嗯……」是可以把對話中的火氣降溫的其中一個說法，你也可以換成「眞的嗎？」、「所以……」、「可否再多解釋一點」、「怎麼了」、「你還有其他問題想跟我講嗎？」不過我個人最偏愛的還是拿「嗯……」當開頭，因爲它讓人出其不意，卸下心中的防備，不會繼續任由情緒失控。你把對方的敵意轉變成有點困惑，馬上就能把情況轉往好的方向。

不論你喜歡哪一個說法都沒關係，關鍵在於「口氣不能帶著爭辯、防備或是找藉口」，你要讓對方感受到「我很重視你，你的問題對我來說很重要，我很願意聽你講」。只要對方接收到你的善意，不論問題是什麼，就已經成功解決一半了。

智慧帶著走

不要自我防衛，請深入一點和對方溝通。

行動藍圖

還是不確定怎麼運用「嗯……」的技巧嗎？不然我們再看一個例子，換一下，由我來採取行動，一樣想像是你和我在對話，就像這樣：

你：醫生，你講的都是心理學的廢話，在現實生活中沒有用啦，給我實用一點的東西。

我：嗯……

你：不要對我用「嗯……」這一個爛招。

我：你是生氣還是沮喪？

你：沮喪的成分比較多，我想要突破一些客戶的心防，但老是不得其門而入，壓力愈來愈大。

我：真的……

你：對啊，如果我再不能爭取到這些潛在客戶，這個月的業績就要達不到了。

我：再講清楚一些。

你：經濟很不景氣，公司的每個人都在拼業績，再沒起色可能全部的人都得回家吃自己了。

我：所以你害怕自己會丟工作？

你：對，我覺得很煩、很緊張，對一切人事物都沒耐心，連讀這本書都靜不下來。

我：你有多害怕？

你：（有點激動到說不出話來）非、常、害、怕！

我：（停頓了一下，讓你發洩心情）以前你也遇過這種情況，但最後你還是安全過關，這一次你是擔心自己撐不過而被解雇嗎？

你：可以這麼說，但是每次我都能化險為夷，我是在想，能得到訂單的話，我就會繼續做下去。不行的話，我會另外找別的工作，我每回都可以找到新工作，去找經營得比較好的公司，你知道我是個很厲害的業務。

我：那就跟你個人能力無關，是公司產品太冷門，要賣沒人想買或需要的東西很難，你要是去賣市場需求較大的產品，問題就解決了。

你：不是沒問題而已，我可以賣得很好！

我：所以？

你：所以我其實是立於不敗之地，如果盡全力了還是行不通，就不是我的問題，是公司產品冷門，我到時換工作就好了。

我：嗯！

你：（笑起來）你又來「嗯」這一招了。

我：看起來對你蠻有效的啊。

你：（放鬆地）也許我該把這一篇再好好重讀一次。

技巧⑦

坦白從寬

效用：淡化自己的弱點，引導對方從考慮進入願意去做的階段。

隱藏錯誤，
只會讓其他人往最壞的方向想。

——馬提亞爾（Marcus Valerius Martial），古羅馬詩人

如果你對法庭審理程序有概念，就知道律師打官司時，有時會用一招叫「坦白從寬」，他們會一開始就先坦誠一些事。

譬如說被告律師會先說行兇的槍上面有被告杜伊的指紋，而槍殺他岳母的槍就是這一把，大家同意了這是事實後，對方律師也不會要求請專家出庭證實此事，被告律

師便可以開始進入下一步：證明杜伊槍殺岳母有正當理由。

爲什麼坦白從寬是高招？因爲當大家都知道是你做的錯事（或是很快就會知道），那你最好自己先承認，好搬掉這塊大石頭，這樣做更妙的是，**往往可以將問題點反轉成對你有利的事**。

旁人一眼就能看穿的缺點，我們若還要煞費苦心地東遮西掩，反而會害別人很不自在，因爲他們不僅得逼自己對你的毛病視而不見，還要小心不要哪壺不開提哪壺。造成對方的不舒服會讓他的鏡像神經元無法對你產生情誼，因爲他們得努力避免涉入你的私人領域。他的大腦不會說「把他當朋友」，而會提醒主人「要小心提防眼前這個人，他連這麼明顯的事都要隱瞞，一定還有更多不爲人知的陰暗面」。

解決之道爲何？那就是假如你有一個很明顯又會阻礙你和別人互動的大問題，那就坦誠以告。

有一個年輕人讀了我在《洛杉磯時報》上的專欄之後，寫了封信給我：「我今年二十六歲，一直深受口……吃……之苦，最糟糕的是我不知道它何時會迸出來，因此在講話時就更緊張，更有壓力，結果就是更會結巴。」

他的專業能力很好，但找工作到處碰壁，他知道都是因爲結巴的關係（面試官會出於好意假裝沒注意到），主試官會變得很彆扭。即使美國法律上有規定殘疾人士的保障名額，但主試官隨便也能舉個他無法勝任工作的理由，他只能一次又一次地面試下去。

我建議他可以試試我在喬伊這個個案所施行的有效方法，喬伊也有結巴的困擾，都不知道面試過多少次，因爲結巴的關係，始終沒有人願意錄用他。

我告訴喬伊不用逼自己到不能結巴，這是做不到的，我要他一坐下來就先告訴對方：「我有結巴的問題，最慘的是我不知道何時會開始結巴，每次發生，都會讓別人嚇一跳，覺得同情我，他們會有點不知所措，然後就無法專心面試。如果我等一下談話時又不小心結巴，還請你包涵，通常一下子就會好了，萬一我結巴個不停，那我也只能盡量努力說完。我先爲這個問題可能帶給你的麻煩向你道歉。」

開宗明義地告知可以讓面試官不會突然被嚇到，喬伊就能夠冷靜自信地面試，更棒的是，人們會敬佩他那份沉著，感謝他能預期別人可能會尷尬而先體貼告知，先提供有用的建議。

經過幾年後，他幾乎不再結巴了，喬伊告訴我：「我仍舊會告訴別人我以前很容易結巴，萬一不小心又犯，請他們不用尷尬。因爲這樣做是獲取別人尊重的捷徑，他們會開始爲我加油，給我支持。」

坦誠也能幫助你淡化其他問題，身爲在商界打滾的心理醫生，聽眾只要一知道我的專業，我都有一場艱辛的戰役要打。他們聽到我賴以爲生的職業後，我會看到很多人翻白眼，一臉對我不信任的表情。

爲了克服聽眾的心牆，我也像喬伊一樣，有一套坦白從寬的版本，我一上台就說：「我是心理醫生，沒有企管碩士學位也沒有正式的商場歷練。我知道很多人對我的職業會有猜疑甚至反感，但是我在看診的過程中也學會怎麼做到下列這些事。我協助已長大成人的孩子作出讓癌末父母打嗎啡的決定；讓多年不同床的夫妻再次享有親密關係；讓幾乎要打起架的合夥人握手言和；也曾幫助律師和原本要一刀兩斷的客戶再度合作；讓賠光錢的基金創辦人打消想自殺的愚蠢念頭……我的確對打動人心有一套，而打動他人恐怕也是各位每天都想要做到的事情。」

只不過這需要別人肯聽我在開場就來上這麼一段長篇大論，但這麼做眞的回回有效，這兩分鐘的發言可以讓原本充滿敵意或是至少有點質疑的聽眾全神貫注地聆聽，他們會想說：「嗯，這個傢伙大概有點料。」

你也可以這樣做，但是要做得正確才有效果，得掌握三大原則：一、**直接切入**（快速又有效率地描述問題）；二、**淡化問題**（解釋要如何面對這個問題，或是說明爲什麼這不是太大的問題）；三、**切出來**（不要停留太久，也不用過於詳細解釋，儘快往下繼續談別的），可以參考下面範例：

主試官：請告訴我你的教育背景和專長。

你　：（應徵軟體工程師職務）我應該是所有來面試的人中唯一不是學本科的人，這是因爲我說得上是「有這個天賦」，天生適合吃這行飯。我父母都是程式設計師，我九歲時就寫了生平第一個軟體，十六歲就找到第一份工作，因爲鄰居發現我會寫資料庫，二話不說就請我幫他。他現在已經退休了，不過還是願意當我的推薦人，現在他店裡頭用的軟體仍舊是我寫的那套程式。

主試官：哇！

你　：我還列出了服務過的客戶，他們都願意幫我推薦……。

當你向別人坦誠自己的問題或是弱點時，**口氣要有自信**、**態度要夠自然**，你愈能放鬆就愈能帶動對方放鬆，就能把談話的重心放在你想要講的事情上頭。

坦誠需要勇氣，但是結果很值得，這個方法能夠化缺點爲有利條件，讓對方把你當人看，而不是把你當問題看；而且你會驚訝地發現，原本的絆腳石反而變成幫助你往上爬的墊腳石。

捲土重來的心理醫生

好幾年前，我受邀為一群律師、保險業務員還有金融顧問演講，性質是激勵講座，我個人覺得講得很棒，但是事後讓我很震驚的是，聽眾並不是這樣想，他們不太喜歡，事實上是覺得我講得爛透了。

更慘的是，我是在下一場演講的前兩天得知此事，演講內容完全相同不說，這一次的聽眾是更難取悅的會計師，我從腳底竄起一陣恐慌，不過很快地要自己鎮定下來分析狀況。我認為演講稿沒有問題，問題出在演講序的安排，聽了一整個早上都是分析具體數字的講題，聽眾心裡預期會繼續聽到這類的演講，而我的演講方式讓他們在心理上完全調適不過來。

於是在第二場演講時，我的開場白是這樣講的：「來演講之前，我得知一個很有趣的消息，我幾天前的同一個講題得到慘兮兮的評語，而那些聽眾還遠比各位容易取悅。」這引起台下一些騷動和緊張的笑聲，不過也成功地勾起大家的好奇。我繼續說道：「我領悟到出問題的不是內容，而是呈現這場演講的時機，因此我今天決定要換不同的方式，讓各位能從今天的課程中得到更多，而不會感到一無所獲。」

為了讓聽眾心態移轉，從上午技術性的稅則課程換到我充滿思考性的內容，我請他們回想人生發生重大改變的時刻，例如，我請他們想一下自己是如何度過九一一後的那個週末，大家聚集在教堂裡，渴望聽到一些安慰和鼓勵的話，因為知道世界不可能再跟昨日一樣了。或是，有一個自己關心的孩子，他有學習障礙，原本沒人奢望他可以讀完高中，現在竟然大學畢業了。

我幾乎可以看見這些人的心思在移動，從「哪條新稅則得好好去了解」轉入「對我人生真正重要的事是什麼」，當我把視線掃過台下的幾百位聽眾，看見他們個個聚精會神在期待我接下來的演講。

會後幾天，我收到主辦人的電子郵件，他告訴我聽眾的反應非常好，我的演講是當天最受歡迎的一場，他還說，有好些人告訴他，這是他們有生以來聽到最棒的演講。在聽到我坦承先前出現的問題後，我讓聽眾對我產生關心，進而願意支持、聆聽我的演講。而我也在馬失前蹄後找出缺失，努力克服，學習到重要的一課，日後成為更棒、更有自信的講者。

智慧帶著走

大方告知聽眾他們對你可能會有的疑慮，可以展現你的沉著，他們對你的態度會變得正面而且想專心聽你說。

行動藍圖

知道自己哪裡會讓人不自在時，可以練習怎麼好好形容這個問題以及別人會有的反應；先在鏡子前面練習，直到你覺得有辦法自在地在人前這樣做。

技巧⑧

從「交易」到「交心」

效用：化公事公辦為彼此熱絡，引導對方從考慮看看進入願意去做的階段。

他們看不到天空。

——非洲土著到紐約曼哈頓參觀後的感言

我女兒最近得到一家華爾街金融公司的面試機會，主考官是裡面的資深經理，她問我有什麼問題可以讓她從眾多競爭對手中脫穎而出？

一個半小時之後，我在開會中接到她的簡訊，她壓抑不住興奮的情緒告訴我說：「爸，我就照你說的問，主考官的反應真的跟你講的一模一樣。他的眼睛往上抬了一下子後說：『這是個好問題，我現在沒有答案給你，但我是應該要好好想想答案。』然後他對我的態度變得很親切。」

我女兒是用哪個問題讓主考官另眼相看？當他問我女兒有沒有問題要問時，她是這樣說的：「我希望您想像一下，如果一年後，您和您的主管們正在考核今年錄取的所有新人，談到您今天錄取的這個職位的人時，他們都說：『想辦法再找十個像這樣的人來，很久沒找到這麼好的人才了。』請問他是做出了什麼樣的表現，可以讓主管們這麼讚嘆地告訴你？」

我知道這個問題絕對管用，我告訴女兒要怎麼去觀察對方是否已經買帳了：只要看主考官的眼神，就能知道問題有沒有達到效果，如果他的眼神轉上移開的話，那她就已經成功地讓他從「交易」進入「交心」的狀態了。

交易和交心

現代人已經不太懂什麼叫交心了，我們每天只忙著交易。情人間或是夫妻間什麼事都要談判，晚餐要吃什麼、度假去哪裡，何時有空親熱……。父母和孩子談判，要他們準時起床上學、要他們回家先做功課。經理人不是強迫下屬照自己的想法去做，不然就是要談判，人人都關心「你要爲我做什麼？」、「我需要做什麼回饋你？」

如果你的目標是交換訊息或是協商合約，那「互惠的交易」沒什麼不好，但它有個大缺點，就是無法打開別人的心門。交易性的溝通方式就像到提款機領錢，按了數字取了錢之後，銀行帳戶也會自動扣除這筆金額，非常公平，但是要離開時，你絕對不會想跟那台機器說：「天哪，眞是太謝謝你了！」

交易式溝通讓人們之間沒有情感交流，因爲互動起來既表面也不帶感情，這種方式不見得會讓人太反感，我女兒也可以問：「公司有另外提供醫療保險嗎？」對方不會因爲你問這個問題而生氣，但是你會喪失和主考官拉近關係的機會，就像到提款機領錢並不會是「改變生命的事件」，那只是看出你關心的是自己，並不在乎公司的需求，以及坐在你面前這個人的感受。

要創造「改變生命的事件」，就要放棄交易來和對方交心，那要怎麼做？你要問對問題，要能讓對方說出「這就是我的想法」、「我是這樣的人」、「這是我想達到的目標」，或是「如果你能這樣做，可以讓我的人生更美好」。

我在多年前體認到很多企業執行長與經理人，大多聰明又有智慧，但是他們不常有機會可以與人分享智慧。他們的心思都放在處理公司每天發生的問題，很少有機會可以深入思考，發揮創意，釋放心靈的智慧與力量，日復一日地這樣過下去，就會不自覺地感到挫敗、不滿足。

一旦我提出讓這些人打開心門、分享智慧的問題，就見識到一個很奇特的現象：要知道時間就是這些大忙人最寶貴的資源，但他們卻渴望多花些時間和我聊聊。他們甚至要助理把其他電話擋掉，會談該結束了還依依不捨，從他們占了一整個角落大的辦公室一路送我到大門口，只爲了跟我多聊個幾句，有些會說：「唉，時間怎麼過這麼快，馬克，下一次見面時，別讓我耽擱你太久，我們最好是可以安排長一點的時間或是一起用個晚餐。」

他們會這樣熱情待我的原因很簡單：我讓他們的鏡像神經元得到滿足（參考第二章），這些人認眞工作，總是努力表現到最好，希望這個世界也能看見他們，表彰他們的能力、才華和創意。但是這樣的希望時常落空，他們聽到的多半都是負面的話：「董事會不滿意這些業績」、「成本分析表呢？」或是「你的部門太慢繳交月報表」等。壓得他們覺得自己快要變成一個齒輪，卡在不停運轉的機器上。

他們在我眼中不是齒輪，是很棒、很有智慧的「人」，而我也會讓對方知道這一點，通常這只要借助一個問題就能做到，因爲對方在聽到我的問題後，正常反應都會認眞思考，甚至立即接納我說的話。

舉一個很久以前發生的例子和各位分享，當時我和一家軟體公司的資深副總裁比爾開會，深入討論我們會面的主旨，也就是處理他公司內的一個人事問題，這位聰明、有豐富人生閱歷的總裁，當下的思維完全設定在交易模式：你什麼時候方便進行？處理這樣的問題需要多久？費用多少？

這樣經過半個小時左右，我問比爾：「爲了幫助我更了解我是否能幫上忙，或是可以怎麼幫忙，請告訴我，你公司，特別是你的部門想達成什麼重要目標，也要告訴我你設定這個目標的原因何在？」

比爾停了半晌，往上看了一下天花板後回我：「這眞是個好問題，我需要好好想一想。」

就在那一刻，我可以感覺到我們的關係往前跨了一大步，在談話的態度上，比爾可說是「看到了天空」。他跳出討價還價、策略談判、以貨易貨的交易思維，開始思考起公司的大方向，還有他自己的未來。幫助對方進入這樣的思考，我們彼此就有了交流，當他的視線再度轉回到我身上時，我們的對話就不再是交易而是眞正的分享看法。

要提出這類的問題並不難，你可以先問自己：「我問什麼，**可以讓對方覺得我對他的想法、人生或是未來的成就有興趣？**」然後就開口問，下面這幾個問題範例不妨參考看看：

如果你可以改變公司的任何一個營運方向，會是哪一個？

如果我可以做某件事讓你更快達到目標，會是哪一件？

完成哪一件事可以讓你最感自豪？

讓我來分享兩個場景，各位就會更了解爲何交心問題比交易問題有更大的斬獲，主角是娜歐蜜，她第一天到新公司上班。先看第一則：

主管　：嗨，娜歐蜜，你好嗎？

娜歐蜜：很好，眞感謝你祕書的幫忙，第一天上班總是有點沒頭緒，不過我開始進入狀況了。

主管　：很好，有問題，儘管問我的祕書。

娜歐蜜：好，謝謝。對了，請問我可以從哪裡拿一個訂書機？

主管　：當然可以，你可以去文具櫃找看看；你今晚下班前可以把強森的檔案弄好給我嗎？

這樣的對話很正常，但是娜歐蜜並沒有讓主管驚喜，除了訂書機以外，大概就記不得這個人的什麼事了。

現在看看下面這樣的對話可以如何為娜歐蜜加分：

主管　：嗨，娜歐蜜，你好嗎？

娜歐蜜：很好，真感謝您祕書的幫忙，哦對了，我可以先向您請教兩個簡單的問題嗎？

主管　：呃……當然可以，請說。

娜歐蜜：我希望自己能盡量少犯錯，可以請您列舉三件希望我絕對遵守的事，以及三件不要犯的事嗎？

主管　：喔（眼睛往上看），哇，很有趣的問題。我可能需要想一下，晚一點才能回你，不過我立即想到的第一條就是若犯錯不要隱瞞，要坦誠告訴我，讓我心裡有個譜。另外（不好意思地笑了笑），要是我老婆打電話來，即使我在電話上，也一定要接給我，不然回家可就會被她唸到臭頭。喔對了，你知道里歐會和你一起負責布萊德的案子嗎？我知道你們七年級生會覺得四年級生的理念較老派，但他是我手下最厲害的高手，要麻煩你多聽他的意見。

第二個場景中，娜歐蜜的問題很簡單，比「你想要過怎樣的人生？」或是「希望公司朝哪個方向前進？」簡單太多了，但是都能達到類似目的，也就是脫離原本的交易模式（給我訂書機／完成檔案），進入到更高的層次（什麼對你很重要／我要怎麼做才能幫上忙）。

主管聽到娜歐蜜這樣問就會停下來思考，當他再度轉回來看著她時，眼神一定和之前不同，娜歐蜜從那一刻就變成並肩作戰的同事，而不是一個需要釘書機的菜鳥。

競爭客戶時怎麼用這個技巧？

我經常受邀到頂尖大藥廠的行銷及業務單位演講，像是禮來（Eli Lilly）、阿斯特捷利康（Astra Zenica）、必治妥施貴寶（Bristol Myers Squibb）等跨國企業，但是我也喜歡幫幫來我診間推銷藥品的業務員（我一直都還花一小部分時間看診，這樣才有免費樣品可以拿……開玩笑的，輕鬆一下啦）。

我會建議他們可以打動我的作法，他們便知道如何去打動其他醫生。首先我告訴他們，現在的醫生多半得更勤奮工作，薪水才能跟十年前相提並論，然後又眼看著資歷、專業訓練都比他少的人，賺得比他多，財務上比他更安全有保障。

我也告訴藥廠業務，大多數的醫生會覺得自己在照顧每個人，包括家人、年邁的父母、甚至是櫃檯的護理人員，不論事實如何，心裡總覺得沒有人照顧他（沒錯，我們通常是鏡像神經元受體最不滿足的那群人）。很多醫生會說，照顧我們最好的方法，就是不要再加工作量到我們身上了。

還有，行醫的方式讓醫生自然而然處於交易模式，「告訴我你的症狀，讓我確認你的問題，看看適用哪些檢查，這樣我就能做出診斷，並且決定治療方式……好，下一個患者可以進來了。」

業務若想跟醫生有進一步的交流，讓他們記住跟你的對話，可以在作完簡報介紹後問醫生：「陳醫師不好意思哦，可以耽誤你幾分鐘問一個別的問題嗎？」

醫生們通常聽到這個會有點不高興，覺得你要占他便宜，趁機要免費的醫療建議，但是在不能失禮的狀況下，他們大都會答應：「請說」。

這時候我告訴業務要這樣問：「我聽很多醫生說現在看診不像以前有動

力，因為你們得拉長工作時數，收入才能和以前相比。你們真的好辛苦，我想請問你還是喜歡行醫嗎？」

業務人員會回頭向我報告戰果，大部分的醫生都沒料到會有此一問，結果就放下心防，他們會移開視線往上看，回應大都像這樣：「你知道這個年頭要當醫生不容易，我不確定自己會不會希望小孩也走上這條路，但能幫助人其實還是很棒，每一天或多或少都能讓患者的人生更好，看到他們的進步，我也覺得很開心。」

有一位醫生甚至在說完後，還和業務道謝，有了心的交流哪有不記住這個業務的道理，再加上如果藥品本身也和競爭者伯仲之間，醫生通常都願意嘗試這家藥廠的藥。

假如你也是藥廠業務，記住這個推銷方程式：關懷等於更多的藥品訂單，投資報酬率很高（花短短的傾聽時間，卻得到很大的回饋）。

「往上看」的技巧有一個很棒的優點，就是連最難溝通的人都可以溝通得來，這個人就是你自己。有沒有想過自己的思緒也老是處在交易模式？大部分的人的心裡都像這樣在獨白：我吃了這個甜甜圈，就得到健身房多跑一個小時；糟糕，我遲到了，莎莎一定會很生氣，不過上次她也遲到，這次應該會原諒我；慘了，最後一天我還沒報稅，今晚要熬夜了；我應該多花些時間陪小孩寫功課……。

下一次你逮到自己又進入轉個不停的交易模式時，試試新的作法。請停下手邊的事坐下來，深呼吸之後告訴自己：「明年的這個時候，我想要做什麼事情？」或是「我是不是該做些取捨？」或者「從現在開始的二十年後，什麼樣的作爲最會讓孩子爲我感到驕傲？」

問對問題時，你會發現自己的眼睛也會不自覺地往上看，這就是大腦迎接新思維的反應，你可以回答自己的問題，像是：「我想要花更多的時間陪家人」；「減少無意義的會議」；「我希望孩子會因爲我的勇敢嘗試而感到驕傲，而不是覺得我只打安全牌」。你會和鏡中看到的那個最重要的人更緊密交心。

智慧帶著走

問對別人問題，他會往上看，得到機會思考你的提問，當他的視線再回到你身上時，你們的對話會產生好的質變，會產生更棒的交流。

行動藍圖

下一次你又和家人或是同事卡在交易模式的對話時，像是誰該去洗衣服、丟垃圾，請停下來，微笑地跟對方說：「你覺得接下來的五年，我們應該做些什麼有意義或是重要的事嗎？」然後你們就不用再爭辯該輪誰洗碗這種小事，而是一起開心地討論人生計畫。

技巧 9

並肩而行

效用：降低對方的防衛心，引導他從不願合作到肯聽你說。

說教的場合無法帶來交流。

——為印度奉獻一生的德蕾莎修女

週末的時候，威爾開車載著他十五歲的兒子伊文到運動用品店，伊文想要爭取進入射箭校隊，威爾帶他來買新的箭。

伊文和一般難搞的青少年沒兩樣，邊戴著耳機，邊跟著音樂用腳打節拍，一路上只見爸爸有一搭沒一搭地試著聊天，東提提工作的事，西提提家裡的事，他問兒子今年希望全家去哪度假，幾乎是自言自語地在說回家時要煎些牛排當晚餐，然後又提到有個同事讓公司裡的每個人都很頭大。

威爾說這一個同事一直都是號問題人物，大家都知道有一天他絕對會闖禍。然後他問兒子：「你們學校裡也有像這樣遲早會出亂子的同學嗎？」

「啥？」伊文沒料到老爸會丟這樣的問題過來，儘管他不太熱心提供答案，但總比像是「西班牙文成績有沒有進步？」或是「頭上那一搓橘色的頭髮是怎麼回事？」之類的問題來的好。

「對啊，」威爾繼續剛才的問題：「我只是好奇你有沒有很愛投機取巧的朋友，你覺得他總有一天會給自己帶來大麻煩，還有為什麼你覺得會是這個人？」

沒想到老爸竟然會徵求他的意見，伊文不自覺地放低警戒心，開始認真思考，然後一反常態地態度配合起來，他回答：「我覺得應該會是傑克，因為他一旦瘋起來，想怎麼做就怎麼做，完全不聽勸，他已經惹過好幾次麻煩了。」

忍住想雞婆提出建議的衝動，威爾吐出：「真的喔？」希望讓孩子繼續講下去。

「對啊，他已經做錯事被禁足過好幾次，我感覺他和父母的關係似乎不太好。」

「我們就等著看你的預言準不準，講到這，那如果他惹上麻煩，你會怎麼做？」威爾再抛出一個問題。

「哎唷，我不知道耶。」伊文回道，他想了一會說：「我想因為是朋友，我會試著幫他，然後看是否能勸他不要再這樣了。」

「有你這種好朋友，他真幸運。」威爾下了個結論。

「哈，我當人家的朋友還可以啦。」伊文接他的話。

看懂了嗎？這個例子裡發生了哪些事？

威爾讓兒子願意開口跟他聊天是用了一招「並肩而行」的技巧，運用原則如下面三點：

- 要對方坐在那裡聽你說教很難收到效果，因爲你只會逼他樹起防衛的高牆，更不可能跟你實話實說。但如果你能創造出共同進行的活動，和他並肩合作，就能減低他的戒心，這就是爲什麼警方在進行人質交涉時，都會製造機會取得綁匪的同意來進行某種合作，像是請他們答應傳遞藥品或是食物進入被挾持的大樓內給肉票。這就是爲什麼阿米許人的長者經由男性共同幫鄰居蓋穀倉，或是婦女群聚織被子的方式，可以比女間諜設下桃色陷阱給喝醉酒的政客，還更容易套出祕密和八卦。

- 提問比講道理好用，就像剛才威爾忍住衝動不給兒子建議，不說些「不要讓朋友害到你」，而是提出問題讓兒子思考「誰最可能闖禍，到時候我該怎麼辦」，也就是說，威爾沒有以教訓的口吻來對兒子叮囑或是發表高見，而是父子倆在情感上並肩交流。
- 如果你能讓對方自己掏出一段話，接著在他順著講下去時，不要插話，你反而會知道更多。威爾沒有在兒子上勾後就啓動老爸的說教衝動，像是「你最好離這種朋友遠一點，不然你也會跟著惹上麻煩」等等。他反而簡單用了一句「眞的嗎」就引導話題更深入，讓兒子自動分享更多心底話。

並肩而行的重要元素是：一、在分享時刻提出問題；二、提出更多問題讓對話更深入。這實在是威力最強大的溝通法則，其實就是「蘇格拉底問答法」的核心。蘇格拉底在世時其實從沒向任何人說教任何事，他只是和人們一起在城裡到處走動著，提出問題要對方回答，直到對方自己想出答案，但這樣的過程竟然是孕育西方文明的搖籃。

提問法不只適用於父母親或是哲學家，也是「走動式管理」的基礎，這個管理技巧已經有幾十年的成功歷史，這個管用的工具可以讓經理人達到雙重目標：了解公司的實際情況，同時又可以和員工建立起密切的關係。

並肩而行的技巧有一大優勢，因爲它的重心不在於對方過去所犯的錯誤，而是你可以用它來找出創造成功未來的方法，就像威爾問兒子：「如果朋友惹出事端，你會怎麼做？」因此不要把眼光都放在對方過往的差錯，而是要給他機會來防範再次的失誤。

並肩而行的溝通技巧很簡單：加入對方的活動（最好是你能夠幫上忙或是有所助益，沒有的話，一起用個餐也很好），提出適當的問題，讓對方可以分享他在做、在想或是有所感受的事情。可以參考下列範列。

貴哥：（注意到下屬莉亞正在準備給客戶開會用的資料）哇，你一個人要處理這麼大疊的資料啊，給我幾個檔案夾，我有點時間可以幫幫你。

莉亞：謝謝，你人眞好。

貴哥：（幫了幾分鐘之後）你覺得我們為客戶準備的這些資料如何？

莉亞：我還沒空想呢，不過經你這麼一提，我倒是覺得要客人看完這麼多的資料也太辛苦了。

貴哥：你覺得這些資料可以派上用場嗎？

莉亞：和客人在電話上討論時，他們感覺是想要知道新系統好不好上手，訓練員工學會的時間快不快，我不太確定他們是否想知道這些複雜的技術層面，他們其實只想知道多快可以整合好並且開始使用。

貴哥：你還感覺到客人有什麼需求？

莉亞：他們有時會被我們的資料搞得頭昏腦脹，也許應該簡化一下這些內容會比較好。

並肩而行的溝通技巧非常簡單，但運用時有三點要注意，首要的是：**當你讓對方放下防備時，不要背叛他們的信任；別用這個技巧來套出負面資訊，不然對方會覺得你是在刺探或是故意讓他們進入圈套，而不是真心想了解什麼**。若是對方自己提出負面想法，那就淡定地聽聽就好，不要刻意去挖瘡疤。

再來，談話的時候，**不要開始和對方爭辯**，若是你不同意對方說的話，要壓下想解釋爲什麼你才對的衝動，請再拋出下一個問題，讓話題可以更進一步，請參考下面的範例：

大蘇：（經理）嘿，看來新公司的新聞信快完成了，哇，設計得很棒，厲害哦！要我幫忙檢查看看有沒有錯字嗎？

小米：眞高興經理您喜歡，不過我還不是很滿意，因爲我不覺得新的行政大樓應該要當成頭條新聞。

大蘇：你爲什麼不喜歡那則新聞？

小米：其實那有點無趣，只有老闆才會想看那則新聞，就是他堅持要放那當頭條。

大蘇：那你覺得想在下一期裡放什麼？

小米：要放員工也關心的事情。

大蘇：那他們會想看什麼？

小米：我會說有關放假新規定的消息要多放一些，今天就有三個人問我這件事，想多了解這個。有些人覺得新規定對資深員工不公平，他們想要知道公司這樣改規定的理由何在。

有沒有發現小米在爆料、批評老闆的想法時，經理沒有說「他是老闆，所以他有權決定」這種完全讓談話進行不下去的發言，他也沒有爭辯「喂，也有很多人想知道新大樓的外觀啊」，這樣一講會讓對方覺得被推開。所以經理只是持續丟出讓對方更深入聊的問題，最後果然如願聽到一般員工的心聲，知道什麼事在影響公司的士氣。

這樣我們自然來到第三點，就是**要問對方問題就要尊重對方的回答**，如果對方講的是好意見，那可以照著做（而且要讓對方知道你有聽進去）。就算你沒有眞的採用建議，也要肯定對方的分享，說些「値得想想」或是「我從來沒有想過這個層面」之類的話，如果時機恰當，也可以稱讚一下，說「好主意」或是「很高興有你在我們這個部門，我就是需要有創意的人」。

如果你是經理人或是執行長，不妨經常使用並肩而行的技巧，你會看到許多不同的結果。你可以讓八卦或是謠言胎死腹中，原本陌生的員工也會和你愈來愈親近，只因爲你愈來愈懂底下的員工，因而可以讓你工作執行得更快速、更寫意。

你覺得可以怎麼說……

我在南加大醫學中心當住院心理醫師的第二年，有天我問腫瘤科一位護士：「核磁共振造影檢查發現法蘭太太的乳癌又復發後，她有什麼樣的反應？」

護士回說：「她哭個不停，家人和主治醫生一直勸她別擔心，還是有辦法治療的。」

我又問：「以你的經驗，怎樣做最能幫助像她這種情況的患者？」

負責照顧法蘭太太的護士珍恩插口進來說：「給病人有機會發洩心中的情緒，即使很難過或是憤怒都沒關係，他們才能盡快平撫心情。有些年輕的腫瘤科醫生在遇到病人情緒化時會很不自在，便會制止病人發洩情緒。」

為了避免犯了新科醫生覺得自己什麼都懂的大頭病，我又謙虛地問珍恩：「你對這種情形顯然很有經驗，你覺得可以怎麼告訴這些醫生該怎麼幫助病人，讓病人能夠更坦然地接受壞消息的打擊？」

「嗯……」珍恩想了想說：「我會告訴醫生說，我知道他很關心病人，但如果能讓病人釋放在知道壞消息後的第一個情緒反應，後頭治療起來就會比較順利。醫生可以說：『我了解你很難過，你現在有沒有問題要問我？不然我們可以先暫停幾個鐘頭，你先調適一下心情，之後我們再來聊後續的治療。』」

「聽起來很不錯。」我感恩地繼續說：「珍恩，你真的有一套，也很關心病人和醫生，我明天再來看看法蘭太太的情況，到時候麻煩你也多告訴我她的最新狀況。」

並肩同行的互動方式不但幫我成功處理了法蘭太太這起個案，而且還省去寫住院醫師都很討厭的正式諮詢報告。

拜我的「走動式諮詢」之賜，我幾乎多半把時間花在做諮詢工作，我在這裡六個月的工作期間，是所有住院醫師中諮詢報告寫最少的一個。更重要的是少寫一點諮詢報告可以讓我把時間花在面對面輔導癌症病人，畢竟這才是我被派到這裡工作的重點。

智慧帶著走

「面對面」無法解決的話，那就換「肩並肩」這一招試試。

行動藍圖

假如你是一位經理人，可以用並肩同行來關心工作效率最高的員工，並且找出讓對方為你工作時會更開心的方法；然後把同樣的技巧用在效率最低的員工身上，看看可否發現效率差的原因何在。

技巧⑩

填空回答

效用：讓對方覺得感同身受、心情受到理解，就能引導他進入願意行動的階段。

懂得傾聽跟會講話同樣是很能產生影響力的溝通工具。

——約翰・馬歇爾（John Marshall, 1801-1835），最高法院大法官

凱特的公司發生了不愉快的拆夥事件，她想雇用我處理明星員工因而不斷流失的問題，但是她不確定是否能信任我，也還在猶豫把公司的家醜告訴外人是否妥當。

在互相打招呼後我們坐了下來，凱特雙手抱胸，一副我會像其他顧問那樣連珠炮提問的樣子，像是會問：「你想要達到什麼成果？」、「想要在多久的時間內達到？」、

「能撥出的預算有多少？」

若這樣做就太弱了，我只是說：「你想雇用像我這類專業的人，因為你想＿＿＿」

我邊說邊做手勢邀請她告訴我答案，然後就靜靜地坐著聽，等待她回答。

停了一會兒之後，凱特放下胸前的手臂，身體前傾，然後說：「因為我希望公司恢復像從前那樣，是個可以開心工作的地方；我想要員工真心為我工作，而不是為了生計不得不勉強自己來上班。」

聽到這裡，我就知道我可以幫她，而且……我也挺有自信她會選擇雇用我，這是因為我創造出一個牽引力把凱特拉向我，而不是把自己硬推銷給她。

當你和想爭取到手的客戶初次交手時，你和他是站在平等的地位，可是一旦你開始銷售或是試圖說服對方什麼時，決定權就會轉到對方手上，想要贏得客戶歸的關鍵就在於讓他一路追你追到大門口。

祕訣是要邀請對方進入對話狀態中，而不是問一些讓他會產生戒心的問題，這時候「填空回答」就很好用。

當你提出直接了當的問句，希望問出對方的想法，聽在他耳裡會覺得你是在挑戰他，就像我們還是小學生時，被老師或是教練叫起來回答一樣。只要能適時提出體貼一點的問題就可以有效轉化彼此的關係（詳見原則4與7），若是你執意問些公事公辦式的問題，像是「你想要什麼？」或是「讓我來說明爲何我們的產品比較好。」等等，會讓客戶立即倒退三步。

塡空回答的溝通方式就恰恰相反：它會把對方拉向你，你看起來不再像個咄咄逼人的老師或是教練，而是像個令人安心的叔叔、阿姨或是祖父母等在請對方：「來嘛，讓我們開誠布公談談心，一起找出解決的方法。」

你可以把兩種方法都拿來嘗試看看，仔細觀察其中的差異，你先想像是我坐在你對面問你：「你希望從這本書裡得到什麼？」會不會覺得有點嚇人。然後再想像我帶著鼓勵的口吻問道：「你讀這本書是希望學到＿＿＿＿」；「想學到這點的重要原因是＿＿＿＿」；「學到之後，如果能開始執行，你覺得會幫助你＿＿＿＿」。多數人會覺得這樣的問話方式，讓他們很願意甚至迫不及待想開口回答，跟對方分享心中的想法。

請人們塡空回答，還能夠排除彼此可能存在歧見的疑慮，你很可能誤解了對方的需求或是動機，像是以爲瓊斯先生要找的是「簡單又便宜」的產品，沒想到他要的其實是「快又有效」的東西，這時候你就可能會和訂單擦身而過。讓客戶塡空回答，正確答案就能手到擒來。

填空回答在銷售工作上特別管用，可以對客人攻其不備，他們通常預期業務員會強力推銷，結果你完全反其道而行，出乎客人意料之外，於是能很快地卸下他們的防備。這個技巧可以名副其實地讓人們放下武裝，當你以溫和的用詞加上鼓勵的手勢，人們通常眞的會放下交叉在胸前的手臂，打開心門。下列範例可以供各位參考：

唐娜：嗨，謝謝你特地撥空見我。

珊迪亞：不客氣，不過我時間很趕，也不確定對你們的軟體是否會喜歡，可否請你快速介紹就好？

唐娜：沒問題，感謝你這麼忙還願意聽我介紹，我方才來的時候，你的助理說你有一個很重要的案子在忙著結案。

珊迪亞：沒錯，做不出來是會被殺頭的，不過我還是能撥出大約十五分鐘給你。

唐娜：謝謝，我保證可以在時間內講完。開始之前，我希望可以得到一點資訊，請問你正考慮想要購買我們這套軟體，或是像這樣的產品是因爲（以手勢邀請對方回答）＿＿＿＿。

珊迪亞：嗯……因爲現有的軟體眞的很糟糕，老是當機、跑的速度又慢到不行，我們都快瘋了。也是因爲這樣，才會讓這個案子趕得快喘不過氣來。

唐娜　：那換用我們或是其他公司的軟體後，你希望可以達到的效果是＿＿＿。

珊迪亞：讓我們能完成更多工作！我們需要在更短的時間內完成更多的工作，如果軟體一週內就當個兩、三次，是沒辦法好好工作的，那眞是太讓人抓狂了！

賓果！馬上就吸引住珊迪亞了，事實上，她在述說公司爲何非換新軟體不可的種種理由時，等於幫唐娜做掉大部分的銷售工作。如果唐娜的產品眞的比較好，要贏得這張訂單的機率很大，即使她到現在都還沒開口推銷自己或產品。

在無意間，唐娜一開頭還做了兩件聰明事，大家也可以拿來使用，第一個是她問：「你正考慮想要購買＿＿＿。」這樣的說法比較正面，若是用「你要尋找的是＿＿＿」感覺要努力得很辛苦，而「你需要＿＿＿」也有點降低自己的地位。使用「你正考慮想要購買」開頭，讓客人更感覺到權力在握，可以高興想買什麼就買什麼的感覺。

第二，唐娜還使用了「我們這套軟體，或是像這樣的產品」（身爲一個心理諮商醫師，我會說的是「我，或是像我這樣的顧問」），可以讓客人覺得你沒有逼迫他一定得要跟你買或選你，他就不會覺得你緊迫盯人，或者自己被趕鴨子上架。

填空回答眞正最好用的地方是你不用告訴客人他應該要什麼，或是問他想要什麼，你是邀請客人來告訴你他要什麼，對方當下就會覺得「沒錯、沒錯！這就是我找你來的原因。」這樣你就不用硬拉住對方勉強他留在門口聽你講，客戶會自動敞開大門，邀請你進來介紹產品。

「別再來」的溝通法

填空回答還有一個另類用法，就是用在打動「自己」上頭。

每個人（包括我）有時就是會做出丟臉的蠢事，一兩次其實沒有什麼大不了的，除非一而再、再而三地犯同樣的錯誤，那才要小心。

假如你發現陷在一些打擊自己的行為裡鑽牛角尖，那可以使用填空回答的姊妹版本：「別再來」這一招，幫助自己打破惡性循環。「別再來」可以讓你降低心防，啟動內在對話，不再找自己麻煩。

首先，請你回想在因一時衝動做出妨礙前途或是觸怒同事親人的行為後，接下來常有的立即反應；你最可能會罵自己：「真是豬頭！是智障嗎？真不敢相信你怎麼會這麼蠢，真是笨、笨、笨到家了。」或者你會對自己說：「拜託，又不是我的錯，老闆是笨蛋、客人是混蛋，豬頭老闆不支持我，同事一直亂挑剔，我的脾氣就來了……」

不管是罵自己，還是把錯怪到別人身上，對你都沒有好處（不過在你剛發現自己犯錯時的關鍵頭幾秒，會有這兩種反應都很正常），要趕快從這樣的直覺反應中抽離，不然未來你註定會再失敗，因為你不是一直在洗腦說自己爛，就是說旁人爛。然後你又完全無計可施。

不要一直挖洞讓自己跳，下一次又再犯錯時，試試看不同的反應方法。

請你拿出一張硬紙卡，寫下這四個問題，並且填上你的答案。

① 如果可以重來，我會改用的作法是：

② 我會做這樣的改變，原因是：

③下一次我採用新作法的決心是：＿＿＿分
（1分：不會做／5分：也許／10分：一定會執行）

④有誰適合盯著我做這個改變：

這是一個很有效的方法，你不用再沉溺於自責或是推卸責任，這兩種態度都讓你無法好好看清楚事實的真相，以及發掘問題的成因。你若能為經驗重塑新的意義，就可以幫助你更正面、更勇敢地提升自己。

在作這個練習時，一定要填上第四點；選一個你信任與看重的人，期許自己能不斷提升以獲得對方的敬意。「別再來」可以讓你在重要的關頭前停下來思考，不再重蹈覆轍。

智慧帶著走

直接了當的問話會讓人覺得你只想講而不願意傾聽，但是拋出讓他們可以填空的問句，別人會覺得這是很舒服的一次交談。

行動藍圖

很多經理人（尤其是女性）即使工作已經堆滿到頭頂上了，還是覺得很難說出「不」來回絕他人的要求，因為他們自覺有責任解決問題，幫助大家就是他們的使命。這時候你就可以使用「別再來」這項工具幫助自己跳脫這樣的思維模式。

太常答應別人的要求，會讓自己筋疲力盡，你若彈性疲乏旁人也不會開心；你該說出「很抱歉，我恐怕抽不出時間」時，卻一直回答「好的」，要是你也有這個困擾，可以利用「別再來」和自己溝通一下，幫助自己學會拒絕，你可以請老是分配不到你的時間的孩子或是家人來當盯著你的人。

技巧⑪

不斷地要求直到對方拒絕

效用：想辦法在沒有共識中找共識，就可以引導對方從抗拒到快速通過說服週期的每一個階段。

人生是一連串的行銷，不開口問的話，答案永遠都是「不」。

——派崔西亞．弗瑞普（Patricia Fripp），說話術指導教練

瓦特．唐恩（Walter Dunn）是在可口可樂公司服務超過四十年的高階主管，他為這家公司爭取到許多重要的客戶，像是迪士尼、職業球類組織等等。

瓦特告訴我他在多年前讓可口可樂打入一家連鎖影城的經過，他說在和影城負責接洽的人談過之後，對方這麼告訴他：「瓦特，很抱歉，但是我們已經決定要進百事可樂了。」

瓦特一口氣都沒有遲疑就趕緊問：「我是哪個問題漏掉沒處理，或是哪件事沒有幫你們注意到，我可以做什麼事讓你改變決定？」

連鎖影城的代表回應：「百事可樂知道我們要重新裝潢大廳，他們願意幫我們認養一大筆費用。」

「我們也可以！」瓦特堅定地說。

「好，那我們這個通路是你的了。」影城代表回答。

你如果去問經理人或是業務員：「你最常犯什麼樣的大錯誤？」答案大都是：「要太多。」

但是他們錯了，因爲實際上最大的錯誤是「要太少」；畢竟你談回的條件太差，就得向你的上司交代爲何不能多爭取一點。

最好就是一直進逼對方來達到自己的目標，直到對方說出：「不行。」**這樣你就能知道他的底限到了**，更重要的是，你可以趁此良機展現出鎮定，然後自信地簽下訂單或談妥案子。

大多數的人都很害怕使用這招，因爲覺得對方說「不行」時，就眞的是「不行」，約會的時候是如此沒錯，但是可能和你想的不一樣的是，在生意場合上通常不是這個意思。但是要讓對方從「不要」轉變成「好的」，可得動腦筋選對招數，你可以試試看下面的方法。

假設你正在努力說服叫奈德的那位客戶購買你的產品、雇用你當他的顧問或是把案子給你們公司，就在你把提案攤給他看之後，奈德卻拒絕買單。

奈德拒絕時一定會有些緊張和防衛，因爲他預期你會失望、難過或是生氣，不然就是更加努力要說服他，讓他接下來的十五分鐘度日如年，假使你也果眞沉不住氣這樣做，就不可能會讓奈德回心轉意。最好的方法反而是深吸一口氣，以最眞誠的口氣，跟對方說像這樣的話：「我是不是把你逼得太緊，還是沒有注意到你覺得很重要的事？」

奈德會很訝異你竟然可以如此謙遜和有自知能力，待回過神後，他會同意地點點頭，甚至笑得有點尷尬地回你：「沒錯。」這時候，優勢又回到你身上了。因爲奈德在心理上已經同意並且與你站在同一邊，也就是他在不自覺當中開始說：「是」。

當你得到對方的贊同（「是的，我同意你的確搞砸了！」），這時你就可以利用上一章塡空回答的技巧詢問對方：「我在哪一點上把你逼得太緊，還是我沒有關照到的地方是＿＿＿＿」。

一般人大都會誠實地回答你的問題，在奈德詳細解釋時，有兩件事會發生，第一、他可以釋放心中對你的不滿；第二、他會告訴你自己眞正的需要是什麼。這兩點都足夠讓你把「不要」轉變爲「好的」。

讓我分享一個很好的範例，你可以更清楚這個技巧要如何作用，主角路克是一家公關公司的客戶經理，他抱定主意要拿到一個大案子，正在說服某公司的執行長喬，把這次的大活動給他們公司來做，不要再跟之前長期使用的那家公關公司配合。

喬：很抱歉，我們很滿意現在配合的這家公司，你們公司並不是很適合我們的需求，但還是謝謝你花這些時間。

路克：也很感謝你撥冗給我們，是否能再請問你一件事就好了？

喬：（有點防備地說）可以，但我眞的不想再爲這個決定爭辯。

路克：哦，和那無關，我其實是想請教我是否有哪一點沒問到，或是有什麼地方沒關照到，如果沒犯到這些錯誤的話，會有不一樣的結果嗎？

喬：嗯……其實我只是覺得對方有員工曾待過我們這一行，所以他們會更懂得我們的需求，而你們聽起來並沒有這方面的經驗。

路克：眞是的，我應該先講清楚才是，我們通常在接到案子後，都會聘請對客戶的產業有豐富經歷的顧問。像是去年在接到錢德勒公司的案子時，就有請專業人士來指導，因為對方希望我們能深度參與。那個案子很大，所以我們一口氣聘請了兩名顧問，兩個人在農業上的專業加起來有四十年。

喬　：真的嗎？

路克：是啊，錢德勒公司非常滿意那次的活動案，甚至把去年爆增的銷售業績都歸功於我們，這只是我們會雇用專業顧問的一個例子。我們公司就是一定要做到最好，要超過客戶的期望，才能在業界保有良好的聲譽。我們知道自己的強項和不足的地方，當接到我們擅長領域以外的案子時，一定會雇用頂尖的專業人士來幫忙，所以總是能呈現最好的成果，從來沒讓客戶失望過。我們有專門負責找到優秀顧問的部門，以你的案子來看，我們一定會盡全力網羅最適合的人選，以期做出最棒的成果，再加上我們公司的風評，只要消息一釋出，優秀人才都會願意參與這樣的工作機會。

喬　：（開始從「不要」轉變成「好的」）那這樣的費用不會大幅增加嗎？

路克：其實不會，聘用一流顧問會比你們現在合作的公司專業，但是費用上卻很划算，因為我們公司內部的製作團隊很強，省下的外包費用很可觀。再加上我們都只找能力最強的人，不用來來回回修改沒規劃好的案子，便能避免浪費無謂的時間與費用。

喬：這樣啊……

這個技巧最厲害的地方是可以讓顧客覺得掌控局面的人是他，從頭到尾他都是做決定的老大。你沒有抱怨、沒有想要強壓過對方，也沒有出言恐嚇，你只是有技巧性地讓對方自動說出讓你可以扭轉情勢的資訊。

當然，這樣做有點風險，如果你是剛上任的客戶經理或是菜鳥業務員可能就不適用；若追求安全的小訂單對你而言足矣，那也不需要用上這一招。要是你很有自信，也願意脫離舒適圈來承擔風險，那不妨大膽試看看，不然你永遠不知道自己有無能耐可以爭取到什麼樣的大訂單，不信，你去問問瓦特．唐恩。

智慧帶著走

對方沒說「不」之前，你的要求都不夠多。

行動藍圖

如果你是在業務部門或是做管理職，想一下你上次拿到的訂單或做成的談判，然後問自己：「有什麼是我可以再要求，而且很有機會爭取到的東西，但卻因為我害怕對方拒絕而不敢要求？」把答案寫在紙上。

技巧⑫

用力感謝與用力道歉

效用：用力感謝的力量，可以引導對方從「單純做這件事」進入「很開心有做這件事」，到達「將來還要持續做這件事」的境界。

用力道歉的力量，能讓對方從抗拒轉入傾聽階段。

九成的智慧都是來自伯樂的賞識。

——戴爾．道騰（Dale Dauten），報紙專欄作家

我從孩子身上學到的東西，遠勝於在心理學上的專業訓練，特別是在感動人心這一點，像是我從大女兒蘿倫身上學到：一個小動作就能讓人感動好多年，她在二十三歲那年寫了一封電子郵件給我，上頭寫道：

嗨，老爸，昨晚我又和朋友在曼哈頓的街道上壓馬路，散步時我們邊聊著內心對未來的茫然與困惑。然後我又一如往常地這麼說：「我爸說……」，你的話讓我們覺得安心，振奮起來。我不認為有幾個朋友也能自誇他們的爸爸很有智慧，我真幸運有你這樣的老爸，雖然我們現在相隔有五千公里遠，沒關係，幾週後見了，愛你哦，老爸！

就算有人拿幾百萬來跟我買這封信我也不會賣，不管我今天過得多糟，或是有人對我多無禮，就算沒有幾個人給我正面回應，我都知道我很重要，因爲我隨身帶在皮夾的這封信如此告訴我。

謝謝和用力感謝

我的孩子都很棒，每當我幫她們做點什麼時，她們都懂得要表達感謝，但是爲何蘿倫這封短信會讓我特別珍惜，因爲這不只是謝謝，這是一個「用力感謝」。

相當然爾，有人幫你，你說聲「謝謝」並沒有錯，這樣做很有教養，但如果就此停住，那你們之間只算是禮尚往來而已（你對我好，我就客氣地道謝），這樣不會打動對方的心、增進情誼。

因此當你眞的很感激別人特地幫助你時，不要光是說「謝謝」，你要好好表達感謝之情，給對方一個「用力感謝」。這樣做的時候，你的話會讓對方產生強烈的感受，裡面包含著愛、感恩與親暱。

我最喜歡的「用力感謝」是海蒂．渥爾 (Heidi Wall) 給我的靈感，她是一家動畫公司的共同創辦人兼製片，她的「用力感謝」有三個階段：

第一：感謝對方特地爲你做的事（或是爲了不傷害你而忍住不做的事）。

第二：要表達出你了解對方所做的努力。可以這樣說：「我知道你大可不用爲了我＿＿＿＿。」或是「我知道你特地花了時間爲我＿＿＿＿。」

第三：告訴對方他的舉動對你有何意義，造成何種正向影響。

以下的範例可以讓大家更清楚：

唐娜：（經理對下屬說話）賴瑞，有沒有空說一下話？

賴瑞：有啊，怎麼了？

唐娜：沒什麼，我只是想要謝謝你在我臨時請假動手術時，把甲公司的案子處理得那麼好。

賴瑞：沒什麼，我很高興能幫上忙。

唐娜：我知道這有給你添了麻煩，尤其是你本來很期待帶孩子去看足球半決賽，我聽其他同事說你整個週末都耗在辦公室裡研究這個客戶的案子。沒有幾個人可以像你這麼心甘情願地犧牲假期，我想也沒有太多人可以把這個案子處理得這麼漂亮。

賴瑞：謝啦，我本來還擔心會搞砸，幸好最後我們能夠成功完成。

唐娜：你太謙虛了，是你能夠成功完成，不僅讓我們兩個都很有面子，整個部門也都沾了光，我和整個團隊都很感謝你。

唐娜本來可以簡單地說聲「謝謝」就好，畢竟經理人大都是這樣，但如果她這麼做，就連大好人賴瑞也會有點內傷。爲什麼這麼說呢？想想看，你若是特別盡心盡力幫忙或是付出，卻只換得一句平淡的「謝謝」，內心會不會失望至極，因爲你的情感付出並沒有得到相等的回饋（見第二章）；當然有謝總比沒有謝好，但卻不夠好。

唐娜的「用力感謝」讓賴瑞的鏡像神經元完全得到滿足，她不只是表達謝意，還讓賴瑞知道她有看到他的善意、才幹與用心，而且沒有半點勉強地犧牲週末來幫助上司度過難關。這麼一來，她和賴瑞更有革命情感，下回又有緊急情況時，他會更不假思索地挺身而出。

「用力感謝」不只是讓對方獲得光環，相關人等也會覺得你眞是個很棒的人，你有同理心、謙虛而且用心關懷他人。這也讓旁人看出你是靠得住的，對別人的付出會論功行賞，要想在商場上得到盟友，這點彌足珍貴，特別是我們都太常被背後捅刀。

想要讓「用力感謝」更有效果的話，可以選在公開場合表達感謝，聽眾人數愈多、效力就愈強大。

用力道歉

大女兒蘿倫教會我感謝的重要性，小女兒艾蜜莉則是讓我惡補了傷害別人之後，別想隨便打發一下就能重修舊好。

這事的起頭是我接到太太打電話來，她劈頭就說：「你慘了！」眞的是慘了，我竟然忘了今天是七歲小女兒的舞蹈練習課，所以沒有出席，「她一直在找你，結果都看不到你，」老婆說：「你最好跟她聊聊，還好我不是你。」

我當下就想到趕快用賄賂兼分散注意力的招數，於是就衝去店裡買一個手腳可以隨意扭動的可愛玩偶。一進家門，我太太便偷偷指了指小女兒房間的方向；我進去後在艾蜜莉的床沿坐下來，然後說：「我答應去看你的舞蹈練習，結果卻沒去，你在生氣對不對？」

艾蜜莉想強忍著不哭，但淚珠就是一直掉下來，於是張著嘴，半抬起頭望向天花板。我繼續說道：「我錯了，我覺得很難過，而且也要跟你說抱歉。下一次我做不到的事絕對不會胡亂承諾，我希望當個你永遠可以信任的好爸爸。所以我以後不會隨便做太多承諾，我會改成說：『爸爸試試看。』然後盡量做到讓你有驚喜而不是失望。」

我抱一抱她之後把玩偶送給她，她也回抱了我一下，但是在聊完之後的隔天，我發現她把玩偶丟在房間的垃圾桶。我有些受傷嗎？是有一點啦，不過還是不覺莞爾，看來我的小寶貝是在用她的方式告訴我：「我很重要，爸比，你最好搞清楚，不要想隨便打發我，你最好要說到做到。」

我之後就不曾再讓她失望，艾蜜莉也「慢慢地」終於原諒我了，不過這可是花了我好一番心力和工夫才又贏回她的信心。

每個人在生命的某一點上都可能會犯錯，事情可能會比錯過看練習嚴重一些，也許是讓信任你的同事失望，大案子無法在期限內交差，或是說出傷害了夥伴或孩子的話很難收回。

要是眞的發生了，這時你要了解到，說一聲對不起，也許可以包紮住傷口，但離痊癒還差得遠呢，這是因爲你做出傷害對方的行爲不只是捅了漏子而已，也是在暗示他：「你對我不重要。」因而造成嚴重的鏡像神經元受體不滿足的問題，你有責任要向他證明他對你很重要，因此不要只是說聲對不起，情況允許的話，要給對方一個「用力道歉」。

這樣的道歉由四個元素所組成，我稱它爲四個R：

自責（Remorse）：讓對方看到你對自己造成的傷害感到很抱歉。譬如說：「我忘記帶檔案，讓你無法順利說服老闆員工需要換新電腦，害大家都得再忍受舊電腦一年。」當你說完後，要給對方時間發洩，不可心生防衛，即使對方罵得非常超過；因爲讓對方釋放胸口的怒氣，可以加快復原的過程。

彌補（Restitution）：找方法彌補對方，沒辦法全部至少也要盡力。當對方發洩完之後，你可以說：「我知道大家對不能換新電腦都很不甘心，把這件事怪在你頭上，我會跟每個人解釋清楚，告訴他們錯是在我；雖然沒辦法改變事實，至少可以讓大家不要再錯怪你。」

修復(Rehabilitation):要用行動讓對方知道你有學到教訓。譬如說你犯的錯誤是因爲沒有盡到責任或是講話不經大腦，那就要盡全力不二過。

請求原諒(Requesting forgiveness):不要馬上開口要求原諒，因爲坐而言不如起而行，你要讓對方眞正原諒你，就要一直努力改過，直到正確的行爲成爲你的習慣。要耐心等到了這時候，才能回頭去跟這個曾經被你傷害過的人說：「現在可以原諒我從前對你的傷害嗎？」

人們一般都會大方地接受「用力道歉」，因爲他們會欣賞你的努力與謙下，知道你有用心證明自己値得重獲信任。即使當下對方氣到說出：「我再也不想跟你有任何瓜葛」，想和你一刀兩斷，看到你這樣子大都會心軟選擇原諒（即使還沒完全放下）；這樣的道歉方式很適合離婚過程很糾結的夫妻。

如果你已經盡全力彌補過錯，對方還是不肯原諒，別以爲是你不値得原諒，有可能只是對方個性較爲執著、不懂得放下。遇到這種情形時，別把自己逼瘋，也不要心生怨恨，你自己先放下吧，不要再無謂增添煩惱怨懟。

假如對方接受了你的道歉，要好好把握寶貴的第二次機會，因爲這個方法用一次靈光，但是背叛他人兩次、三次之後，你就無可救藥了。要信守承諾，慢慢地就能挽回人們以往對你的信任，甚至可能對你更有信心。

智慧帶著走

你愈常真誠地開口感謝對方，就愈不用靠賄賂留住人心；愈常真心地說：「對不起」，對方就會愈快回來專心工作。

行動藍圖

回想一下①上個月誰最常幫助你；②去年誰最常幫助你；③這一生誰最常幫助你。各給這些人一個「用力感謝」，可以親自去道謝，或是寄信、寫電子郵件都可以。

接著回想一下你曾經傷害的人是誰，讓誰失望，但是都還沒有彌補對方，你要給對方一個真誠的「用力道歉」。只要是真心的，何時用力道謝與用力道歉都不會太遲。

第四部

綜合運用：快速修復七大難搞狀況

在本書中學到的溝通技巧就像武術的招數：每一招單獨運用就很厲害，但是結合不同招數的話，火力會更強大。在接下來的章節中，我會為各位示範要如何結合各種溝通技巧來處理一些常見的棘手狀況（其中一個可以用駭人來形容），另外還會加碼多送大家一些小撇步。

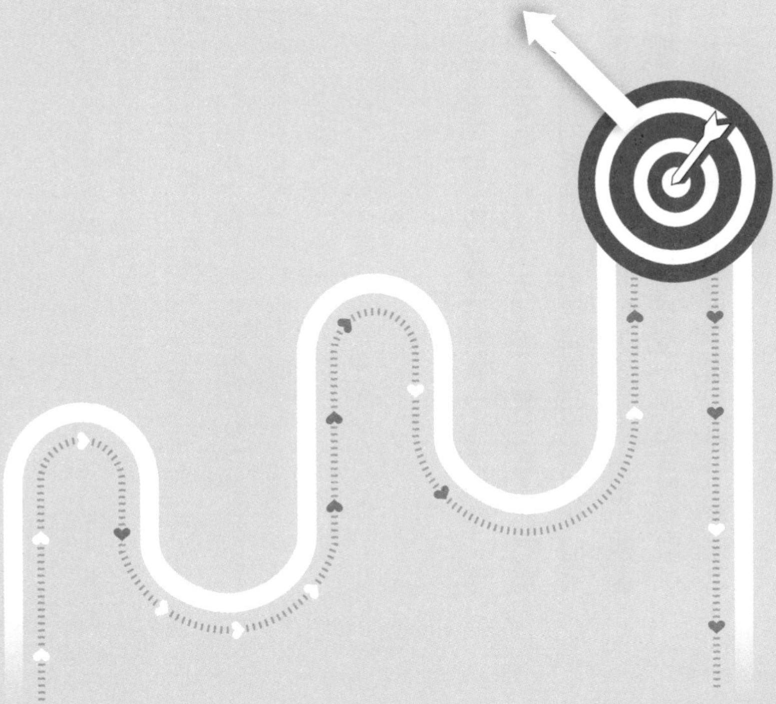

狀況 1

惡夢團隊

厲害的管理就是要讓中等資質的人也有超優異的表現。

——慈善企業家，約翰・洛可法勒（John Rockefeller）

【場景】今天實在是憂喜參半，好的是老闆終於放手讓我負責一個大案子，壞的是這個團隊裡頭有很多……呃……要怎麼形容才不失禮呢，實在是一些老弱殘兵。唯一能用的大概只有既聰明又可靠的喬納斯，但是再兩年就要退休的德克很會打太極，總是把工作推得遠遠的。我的主要分析師琳達愛嚼舌根、胡亂抱怨，花了一大半時間泡在茶水間和同事聊八卦，公司裡沒一個她看得順眼；而我第四個組員雪莉的資歷比我久，心裡一定很氣被我搶下這個職位，看來之後很難配合。身為一個新上任的菜鳥經理，我實在不知該如何是好，有誰可以救救我？

要知道，現在的經理人都不太好當，老是會請到「躲在倉庫型」的員工，這些員工很自我、自私，叫不動又不好配合，如果又剛好身在經歷過公司合併或是裁員的公司，更是別指望他們還會有意願努力，忠誠度也可能很難期待。

只要員工一直待在「倉庫」裡頭，你想把工作做好就難如登天，因爲他們不肯分享資訊給彼此，害大家犯下嚴重錯誤、浪費時間與精力；他們不願意貢獻所長，害得其他組員事倍功半，當事情進行不順利時，這些人不是習慣推卸責任就是直接擺爛。

你的當務之急是要拆掉阻隔在人形倉庫之間的厚厚高牆，想要成功達到目的，**你要為他們建立可以共同擁有的東西**，也就是：上頭的天空（共同的願景）與下方的土地（共同的價值觀）。

第一步，你可以先召開會議，目標鎖定在提升組員對案子的熱情、熱誠與榮譽感，你可以使用原則 7 提到的「總經理熱血挑戰」的變形版，這樣開場：

你們在各自的崗位上個個都是優秀的幹才，我很幸運可以和你們並肩合作。可惜就像現今所有的專業人士一樣，目前我們只著重在份內的工作上各自為政。好處是這讓我們有能力勝任自己的職務，壞處是無法讓團隊共存共榮。

為了能打敗競爭對手，我們需要合作無間，就像是贏得 NBA 籃球賽或是世界盃、超級盃、奧運金牌等冠軍隊伍那般有默契。

能讓頂尖的運動選手願意彼此合作、打敗對手的原因，就在他們願意放下隊友之間的競爭心態。

現在，公司和我都需要大家卸下心防，向那些冠軍球隊看齊，我們要建立起你們這些各自為政的人形倉庫所共有的東西，去除彼此間存在的高牆。

任何倉庫共同都有的兩樣東西是天與地，共同的願景是我們的天，是我們衷心相信、充滿熱誠追求的目標。共同的價值觀是支撐我們站穩的地。每一支勝利隊伍的共同願景就是要贏得冠軍，共同的價值觀則是不打折扣的執行力。

讓我們花些時間來討論屬於我們的願景與價值觀……。

接下來的討論過程要聚焦在「總經理熱血挑戰」的關鍵元素，讓大家談論會讓他們感到熱血的願景，以及如何藉由完成這個案子來實現。詢問大家：當團隊很忙、很有效率時，什麼事情會讓他們充滿活力，以及他們對公司哪些地方感到驕傲（哪些不會）。鼓勵他們說出希望公司有何改變好讓他們滿意自己的工作，並且充滿愛與熱誠，你這樣做時，會看到組員內心的冷漠與敵意慢慢被興奮與活力給取代。

這只是步驟一，雖然熱血剛被喚醒，但是一旦你的組員走出會議室又會故態復萌，變回原來的喬納斯、德克、琳達和雪莉，還是照樣和你以及其他組員互相扞格，不去處理這些心結，今天你激情演出的效果又會慢慢消逝，每一個人又會蹲回原來的倉庫裡。

爲了避免這樣的情況發生，你要思考如何跟每個人溝通，讓他們認爲「我在乎這個案子，很想做到最好」。我建議你可以這麼做：

① 讓喬納斯開心

喬納斯自動自發，無需監督他的工作，反而是要給出空間讓他發揮，並且要聰明地多利用適當時機，以「用力感謝」（技巧１２）的技巧來肯定他的價值。像是在有高層主管出席的進度會議上，你可以說：「好消息，我們的進度超前，上個月看起來很危險，但是在喬納斯認眞加班，並且做出幾個奇蹟式的貢獻之後，解決了供貨的問題，多虧了他，我們可以超前目標。」

② 讓德克覺得被需要

像德克這種等著退休的員工，你還是有機會讓他火力全開，要做的就是丟出火星。首先你要讓他認識自己的價值，因爲很多資深員工經常被打入冷宮，覺得不受公司禮遇，尤其如果又是在年紀較輕的主管底下工作，這種感受會更深。你可以跟德克這樣說：「你最懂這套軟體，其他的組員有不會的地方，可以都來請教你嗎？」

你可以問他見解性的問題，讓他覺得你認爲他有獨到想法、有智慧，你可以這樣問：「依你豐富的經驗來看，你覺得我們部門將來該怎麼做，才能幫助公司更有籌碼？」

如果德克還是無法提高工作效率，可以請他出去吃午餐，利用填空回答（技巧10）的溝通技巧，讓他自己告訴你答案（「我在想你有時會覺得這份工作讓你很挫折，這是因爲＿＿＿＿。」），你很有機會發掘出可以一併解決的問題。

③ 讓琳達感到受重視

還記得之前說過可以讓討厭的人覺得自己很有價值嗎？這就是你改變琳達的方

法，在琳達的責任範圍外，再賦予一項你「特別聲明」很重要的工作，但是這份工作不能妨礙到其他人，可能的話，最好給琳達一項可以嘉惠大家的工作，讓她可以更投入來幫助團隊成功。

你可以這樣說：「琳達，我們的時間很緊迫，需要每個人都眞的有足夠的資源能按時完成，你很有組織能力，我想把這個責任交給你。要麻煩你在每週五發郵件給組員，詢問他們的工作狀況，然後在下午三點花十分鐘回報詳細情況給我，看看是否有人需要什麼器材或協助。這件事至關緊要，請各位務必在收到琳達的信之後，儘快回覆你的需求。」

當琳達來向你報告大家的狀況時（假設她說：「喬納斯說他需要有人幫忙測試電路板」），你可以像這樣回答：「好，我會馬上處理，謝謝你的幫忙。我知道每週要去詢問大家，這會壓縮到你的工作時間，你需要的話，我可以請其他組員分擔一些你原本的工作，我們很需要你來盯緊大家的任務狀態。」她會覺得案子若成功與有榮焉。

如果琳達還是不能改邪歸正，仍跟原本一樣愛在茶水間揭瘡疤、嚼舌根、成天抱怨，你不妨使用「你眞的這麼認爲嗎？」（技巧5）的反詰技巧，讓她住嘴。（「我聽說你認爲我們的組員全都是一群笨蛋，有他們在是不可能達到目標的，你眞的這樣認爲嗎？」）或是嘗試「同理心震撼教育」，例如你可以問她：「你覺得德克聽到你批評他動作慢吞吞的時候，他心裡會作何感想？」

④讓雪莉心中的祕密見光死

老闆選你而不是資深的雪莉來負責專案，應該有他的道理，你不用覺得惶惶不安。但是你和雪莉兩個都心知肚明，她比你有經驗，而且可能覬覦你的位子，你只需要運用一點「坦白從寬」（技巧7）的小技巧就能化解你們之間的疙瘩。

你可以試看看這樣說：「雪莉，很感謝你在這個案子上投注許多心力，我知道自己比你資淺，經驗也沒有你豐富，換作其他人一定會很討厭我當他的上司，但是你眞的一直很支持我。我從你身上學到很多，讓我把經理的工作做得更好。」（這是「用力感謝」加上「坦白從寬」兩項技巧，大加分！）

當你去感受雪莉心中的祕密念頭：「爲什麼是這個菜鳥搶走我的工作？」然後態度親切且謙遜地把她的氣憤化解掉，雪莉就會樂意走出她的倉庫，開始具備團隊精神。

哦，還有最後一點建議給經理人：不要擔心自己資歷淺、經驗嫩，你就是因爲有料才會被提拔當經理；展現出自信，下屬就會跟著有信心，表現得惴惴不安的話，旁人都會很快察覺。曾經是總統候選人的外交官史帝文森 (Adlai Stevenson) 有言：「你都覺得自己騎馬的姿態滑稽了，要怎麼帶領騎兵部隊進攻。」你要告訴自己你是公司有史以來最棒的經理人，然後挺身而進，用行動證明。

智慧帶著走

召集你能找到的最佳隊伍，然後成為他們和你自己都想要擁有的領導人。

行動藍圖

如果你目前正是管理公司團隊的經理人，在紙上寫出每個組員名字，仔細審視，從中找出兩種「倉庫型」員工；一種是住在「穀倉」，他會默默在每天八小時的工時裡自掃門前雪，做好工作就閃人，既疏離又冷漠。另一種是躲在「火藥倉」裡，隨時拿著機關槍，看誰不順眼就要掃射。你可以各個突破，利用之前講的同理心、謙遜與真心了解的溝通法則來對待他們，看看是否可以讓他們把高牆降下來。

狀況②

攀爬成功的梯子

要出人頭地的祕密就是要起身行動。

——阿嘉莎・克莉絲蒂（Agatha Christie），暢銷偵探小說作者

【場景】我在一家跨國公司擔任中階經理人，我認為公司前景不錯，是可以好好發展的地方，但是我不知道如何讓高層注意到我。最近我會換到不同部門，有什麼方法可以讓新主管對我刮目相看嗎？

第一天上任時，就可以運用之前技巧 8 從交易到交心提到的「三要三不」，你可

以自問：「有哪三件事我絕對要一直做，以及哪三件事千萬不要犯到，才能在這職務上表現傑出？」包準你馬上鶴立雞群。

再來，你的成功要靠下屬有好的工作表現，但你要懂得如何跟他們溝通才有可能提高他們的績效；你們還不熟，在頭幾個月可以經常運用「並肩而行」（技巧9），就能最快搞清楚下屬的工作內容、判斷他們的工作表現，是否有潛藏的問題。找到問題時，可以利用第三部介紹的技巧快速處理掉。

上司也會急著想知道：「這個人是否有辦法承受擔任管理職位的壓力？」只要遇到問題能夠處變不驚，就能展現領導者的特質，因此你要認真去熟練「從咒罵到說OK」（原則1）的步驟，當每個人都亂了手腳，只有你能夠老神在在的話，必定能得到上司的激賞與信賴。

在年度考核時，清楚讓別人知道，你不是只著重在個人表現，你更重視公司與主管能否成功。譬如說，主管問你有沒有問題想問，你可以像這樣回答：「我希望明年的考核會議上，你會跟我說：『你做得很好，你的成果、工作態度都超過我的期待，還想出不少創新的點子，幫助公司也幫到我。』我要怎麼做才能讓這些話成真？」

要把握機會，提出一些關於趨勢改變的問題，讓你跟主管有所交流，會強化你們的關係，你可以像這樣問：「你覺得科技推陳出新，公司將來會如何改變？」或是「你覺得公司最大的目標和最大的障礙是什麼？」主管會覺得你敬重他，而不是認為他只不過是薪水比你高的傢伙。

也要找機會讓主管知道你懂他的感受，職級愈高，壓力愈大，愈覺得心事沒人知。因為只有同階層的人才敢有話直說（像是動不動就說：「你看起來很累哦。」或是關懷地問：「你還好吧？」），經理人和底下的職員講起話來都比較正式，比較常聊工作，處在金字塔頂端的人就更高處不勝寒了。當然你也不能過於放肆，拿捏好分寸，你可以偶爾這樣說：「兩天開六場會議，你怎麼有辦法呀？」如果他看起來很累或是難過，你也可以關心地問：「你今天還好嗎？」，一點點的同理心，就能讓對方心中的感激之情油然而生。

如果你非常渴望在公司出頭，還有一招很好用：把視野從直屬上司身上移往更高處！公司內外是否有其他人可以幫助你升官加薪，若有找到人選，我會建議你「想辦法黏住他」，我說的不是巴結奉承。這些人都很聰明，多半也喜歡提攜後進，他們可以提供你建議、甚至為你創造機會。

進入職場之後，要儘早去找出能夠提拔你的人，觀察誰是業界或你希望進入的產業中最受人敬重、最成功、情緒智商最高的大人物。（在狀況7六度分隔擱不住，我會教大家怎麼接近這些呼風喚雨的大咖。）想和他們交往，你可以這樣問：「我想和你一樣成功，要怎樣做才好？」然後要盡力去執行對方給你的建議和要求，同時也要當個他們可以信任又不可或缺的夥伴，就像那句俗話：「朝中有人好辦事。」

智慧帶著走

在腦海裡想像你正在從事你想要的工作職位，然後訂定計畫讓目標得以實現。

行動藍圖

列出公司裡或產業裡你最欽佩的十個人，利用你學到的技巧（參閱狀況7），看看是否能和這些人其中一個搭上線，並且讓他願意引導你成長學習。

狀況③

座上的自戀狂

顧客不一定永遠都是對的。

——賀伯・凱勒禾（Herb Kelleher），西南航空前董事長暨執行長

【場景】我在一家產品設計開發公司工作，最近接到一個個人清潔用品的系列包裝設計案，但是這個客戶快把我們逼瘋了。他可能上週要我們先設計洗髮精的瓶身，這星期又說：「馬上設計出沐浴精的包裝」，我們只好先丟下洗髮精的瓶子（當然不是真的丟！），趕緊處理沐浴精的包裝，結果只換得他隔一週又說：「香皂盒很趕，趕快設計。」但是洗髮精和沐浴精的瓶子他也要我們立刻生出來，到最後每一樣東西都處在未完工狀態，因為他每星期都在改變

指令。而我們老闆只會幫倒忙，回答千篇一律都是那句老話：「客戶永遠是對的。」要我說的話：這個客戶是錯的，而且聽客人的話大大降低我們的生產力，浪費掉的時間把利潤都吃光了，這種情況有辦法矯正嗎？

這種客人是很常見的麻煩人物：典型的自戀狂，他並不在意自己的作為讓你痛苦、吃掉你們的利潤或是讓老闆責罵你，他只在乎自己要什麼，而且要馬上、立刻、現在就變出來給他。

在商業世界經常會遇見自戀狂（很多高瞻遠矚的領袖和創業老闆都是這類型），也有很多人會故意這樣表現，因為他們認為這樣做可以踩著別人的頭頂往上爬，因此要有心理準備，每個人都注定會遇到一些「自戀狂」和「偽自戀狂」，不妨先學會對付他們的招數。（不確定你碰到的哪些人是自戀狂？請翻閱原則9對毒型人物敬而遠之，裡頭有快速篩檢測試。）

回到剛才的場景，以你的情況來說，老闆是不會幫你解決問題的，而且照他那不體貼的回應看來，他搞不好也是有點自戀（也可能是沒膽量，不敢得罪客戶），那你只能靠自己了。在原則9我說過，沒人有辦法改變自戀狂，但有時候你可以「馴服」

他們；如果和客戶聯繫的窗口是你，那試試看這招。

下回你再跟他開會時，可以等到他又要來改變要求：「喂，每一個都停下手邊的活聽我說」，先不作聲讓他把牌攤在桌上，然後以沉著、正面的口氣說：「不好意思，在會繼續開下去之前，您知道如果照您說的放下目前做一半的瓶身設計，這件事就會無法如期完成，但您上星期說這個瓶子非常趕。所以想先和您確認清楚，您希望我們現在進行哪一樣，是您上週列爲最急件的瓶子，還是換做您這週說馬上要看到的肥皂盒包裝？」

這樣說話可以讓自戀狂停下腳步，因爲現在和他對決的不是你，而是過去的他和現在的他在角力，現在的狀況不是他贏你就輸的局，他得轉而找出可行的解套方式，不能一味地打壓你們。

不過使用時要認清狀況，只能用在難搞、作無理要求的自戀狂客戶身上；因爲大部分會發生這種情況的時候，是因爲你和客戶的認知不同，有誤會產生，而不是客戶執意要找碴或一意孤行。若是那種況狀，用技巧6「嗯……」的力量其實是最恰當的方法。假設客戶在看到你嘔心瀝血的設計之後，竟然很冷淡地說：「這設計爛透了，我們一點也不喜歡。」不要反應過度，你要耐住性子，不要當場翻臉，只要說：「嗯……」或是「請再多說一些」。客戶就可以很快地平靜下來，你們不用在「爛透了」

上面打轉，精力可以放在找出原因，然後你會發現問題其實都沒有這麼嚴重。你也可以搭配「填空對答」問對方：「你不喜歡這些設計是因爲你覺得應該要更＿＿＿。」當客戶覺得你懂他的感受、了解他的需求，之後就能很快達成共識、找到解決方案。

但是你的情況是連老闆也不支援，那就得苦命地靠自己來應付棘手客戶，「坦白從寬」能有效降低問題的難度，一開始就先讓客戶知道不是你們不盡力，實在是生出作品需要合理的工作時間。例如在處理要求多多的洗髮精先生時，你可以事先這樣說：「事情要做到完善需要您給我們清楚的想法，而且給我們足夠的時間，這一點希望您能體諒。我們做事很有彈性，但公司規模不大，如果您能先確認好需求，我們就能盡力配合。」然後請客戶把想法、需求、完成順序寫下來給你，客戶出爾反爾時，就有書面資料可以對質。

更重要的是你要讓老闆了解這個簡單的道理：把時間都花在想滿足自戀狂客戶的無理要求上，反而消耗掉可以對好客戶提供服務的精力，但那才是對你們好的貴人。懂得管住自戀狂客戶，就能對好客戶服務周到。這才算是有生意手腕，畢竟我們追求的目標就是留住好客戶。

智慧帶著走

好客戶可以提高公司的水準，壞客戶只會對準你的頭打。

行動藍圖

分析你的工作時程表，看看每個月多花多少小時在服務難纏客戶；反思一下，如果你能學會駕馭這些客戶，那可以增加多少時間來服務好客戶，這樣一想之後，相信你一定有勇氣去降服問題不少的自戀狂客戶。

最好的方法是儘量增加好客戶的數量，也就是那些態度寬容、要求少、懂得感謝、不會占用你的時間和精力的客戶，你愈習慣好客戶，就愈難忍受壞客戶的存在，這會讓你能夠堅決地和奧客說再見。

狀況④

城裡的陌生人

我知道那些擁有成功人脈的人，
他們對自己都很滿意，
也得到很多人的真心推薦，
他們一直都是把別人的需求擺在自己的利益之前。

——鮑伯．柏格（Bob Burg），《成功方程式》（*The Success Formula*）作者

【場景】我剛在城裡新開了一家印刷廠，人生地不熟，目前最要緊的就是衝業績，我有加入這裡的商會，並且還去參與委員會，但仍然無法帶進多少新客源，有更好的方法可以建立人脈嗎？

我猜你會開印刷廠是因爲這是你的老本行，你很懂印刷，而不見得很會掏名片交際或打陌生開發電話。目前你招攬生意的計畫可能是那種打帶跑的方式，而且敗率比勝率高出很多。

其實衝業績沒有你想的那麼難；米斯納博士 (Dr. Ivan Misner) 是ＢＮＩ商聚人 (Bussiness Referral Organisation) 的創辦人，這是一個拓展人脈的當紅機構，台灣也有。米斯納博士研究人脈已逾二十年，他發現很會建立人脈的人都有一套相近的藍本，他們也許有自覺或者本能地在運用一套博士稱爲「ＶＣＰ流程」的法則，內容如下：

能見度 (Visability)：博士認爲拓展人脈的第一步即是互相認識，知道彼此的存在；廣告、拓展社交圈或是透過共同朋友的引薦都是方式之一。這時，你們知道彼此是誰，也許會直接稱呼對方的名字，但還不太熟。

信譽度 (Credibility)：再來是獲得人們信任和認同的階段，當你們彼此對另一方開始產生期望，雙方都滿意彼此的付出，那麼你們的關係就會進入信譽度的階段。彼此的關係會繼續強化，只要雙方都有信心可以由這份關係中獲益。你們都能遵守約定、做到承諾、誠實無欺、提供服務，這樣信譽度便會不斷提高。

獲利度 (Proftibility)：要進入這個階段必須雙方都能從這條人脈上得到回饋。你們都感到滿意嗎？這時你要思考兩方是否都有得到益處，如果有一方不能獲利，那這段人脈也無法持久。

你可以運用本書的溝通技巧去創造人脈，在這三個階段中都能如魚得水。

能見度階段

在這個階段，不要光只是報上自己的名字，要大方告訴對方爲什麼該喜歡你，成爲你的朋友或是客戶的好處。

然後，例如在商會的會議中，你要記得這個重要的原則：對他人感興趣，這遠比當個有趣的人重要太多了。多談論對方的生意，不要一直述說自己在做什麼，巧妙地去問對方從事的行業、經營事業的方法以及行銷策略等等，而且絕對、絕對不可以搶話。相反地，要適時提出好問題，鼓勵他們分享更多。

接下來要讓人們覺得你懂他們的感受。他們如果有提出問題，譬如對方說：「台北市老是在修馬路，阻斷很多人潮，讓我們的生意變得好差。」即便你的生意不會被這個困擾所影響，你也要讓對方知道你很關心，要特意去了解別人的問題，幫忙解決，他才會對你的善意留下良好印象。

你也可以提出關於情勢改變的問題來討論，讓對方知道你在乎他的聰明才智。像是可以問其他的企業主：「你覺得這個都更案，五年後對我們這一行會有何影響？」或是「你覺得台北市在接下來的十年經濟會如何發展？」

最後一件事也很重要，你要使用「用力感謝」增加彼此的友好關係，如果有哪位企業主或是你經營人脈的組織造福了你的生意，要在會議上公開感謝。（陳老闆大方出借桌子，讓我們在藝術節使用，為我們公司省下兩萬塊，預算也可以因此不超過，這眞是慷慨至極的作爲，而且他還和員工花了好幾個小時親自為我們擺設桌子到凌晨五點。）你的感激會讓陳老闆產生鏡像神經元的同理心，他會想要回饋你，很可能就會把印刷的訂單轉到你公司，或是介紹其他客戶給你。

信譽度階段

在這個階段，要避免產生認知差異，因爲目前雙方還處在初認識彼此的階段，對方從你身上接收到的任何一個訊息都很重要，你要誠實地表現出眞正的自己，不要自己亂猜對方有什麼期待，而且能做到的承諾才講出口。

要讓對方覺得他很被看重，要專程去幫助他，對方給你的任何貢獻都要表達出感謝（一有合適機會就使用「用力感謝」）。可以的話，你先為對方介紹生意；如果對方有幫你介紹生意，要把因推薦而來的客戶當貴賓，特別用心去服務。

總而言之，不要把心思都放在自己能得到什麼，你要著眼的是新朋友能得到什麼，努力不要搞砸；萬一不小心真的犯錯了，可以使用「用力道歉」來修補錯誤。

獲利度階段

來到這個階段，要持續讓新人脈感到你想多認識他，讓他覺得自己很重要，並且感到被了解。這時也要注意我在原則 9 提到的對毒型人物敬而遠之，遇到的新朋友不離三大種類，分別是給予者、掠奪者與報答者，最好一開始就淘汰掠奪者。審核新的人脈名單，把時間心力放在給予者與報答者上，疏離只會攫取而不懂得回饋的人。對新朋友要大方，不用急著替對方評分，但是要把心思先保留給懂得報答的人。

最重要的就是，放鬆別急，要人脈開花結果得要花幾個月甚至是幾年的時間來等待，能共利的人際關係尤其需要時間，要學會耐心等待。事實上，你愈想快馬加鞭，就愈可能招致對方反感。你也要知道，不是每條人脈都會連到金脈，這沒關係，有時就是需要親過許多蛤蟆，才可能找到王子。但是找到了王子，就可能是挖到人脈網的大金礦。

智慧帶著走

把心思集中在「對方能從中得到什麼好處？」報答者型的朋友遲早會問你：「我可以為你做什麼？」若是一直計較我能從中得到什麼，對方就會自問：「我要怎麼擺脫這個人？」

行動藍圖

如果你對經營人脈會感到害怕，先問自己：「我可以從中得到什麼？」有哪個強烈誘因可以驅使你產生「脫離舒適圈起而行」的動力；也許你一直想創業或是想爭取公司內的升遷機會，或者就是想要突破自己害羞的個性站到人前去，好為自己感到驕傲。把這個目標牢記在心中，就能生喚醒決心與行動。

狀況⑤

情緒大暴走

發生緊急危難時，
每個小細節都至關緊要。

——賈瓦哈拉爾．尼赫魯（Jawaharlal Nehru），印度獨立後第一任總理

【場景】我在壓力超大的金融業機構工作，這裡每天都有數百萬美元在交易，這樣似乎還不夠，管理階層還一直把我們的工作外包到國外，公司裡的每個人壓力都很大，怕出錯、怕隨時會丟飯碗。人人都像一觸即發的火山，說真格的，我覺得很容易會有哪個不滿的員工發生情緒大暴走的事件，我不知道自己到底該怎麼辦。

不是只有你怕，這個年頭，不管你是經理人、執行長、醫生、老師、律師……都很可能遇到瀕臨爆發邊緣的人，而成爲倒楣的受害者。

恐怖嗎？那當然（你隨便去問一個心理醫生，我們更怕，因爲每天都得面對情緒很易爆的患者）。我也不諱言，面對極度生氣或是暴力的人，我們也沒辦法每次都處理得了；很多時候，唯一的選擇就是逃跑或是躲避。但是對方若不會造成立即性的威脅，或是你完全沒有地方閃躲，那麼說出對的話可以給你力量控制場面，搞不好還可以救命。

你要記住最重要的一點是，人會爆發是因爲卡在「攻擊模式」裡頭，這時候理性溝通、好言相勸都沒有用；氣到朝老闆砸電腦或是掏出槍亂揮的人，是聽不進去任何道理的，因爲他的腦袋裡通往高階理性思考的路已經堵住了，不會告訴自己說：「吼，冷靜下來啦，這樣很瘋狂。」

萬一你跳過第二章沒讀，讓我們稍微惡補一下理性溝通無效的原因：在發生危機的當下，大腦會決定要讓哪個區塊的腦作主宰？是要理性的高階大腦或是原始的低階大腦來當家，要是低階的爬蟲類大腦獲選，聰明的理性大腦就會被擋在上頭，英雄無用武之地。

在面對抓狂的人時，你的任務就是破除這層阻擋。你要逐步用言語來引導對方從

「我想傷害某人」到「我眞的生氣極了」再進入「我需要找個好方法來處理這件事」，這三個階段是在對應大腦的三個階層：原始的爬蟲動物腦、哺乳動物的情緒腦，以及靈長類的理性腦。

要讓失控之人恢復理性的行爲，你得完全按照這個順序逐漸引導對方，就把它想成是「速成進化」吧。作法如下：

第一階段

在這個時候，目標是要讓對方從爬蟲類原始腦進化爲哺乳類情緒腦，你要做下頭這些步驟：

①跟對方說：「告訴我怎麼了。」

發洩可以讓人從盲目地攻擊（最原始的反應）轉換到感受情緒（高階一點的反應）；對方在發洩時的尖叫或是吼叫，可能不怎麼悅耳，但是威脅性總比可能危及你的人身安全好，就讓對方吼一吼吧。

② 跟對方說：「為了確定我聽懂你說的意思，不要會錯意，如果沒聽錯的話，你的意思是……」

然後平靜而且精準地複述對方說的話，不要生氣也不要話中帶刺，講完後反問對方：「這樣正確嗎？」這樣做可以倒映對方的鏡像神經元（這一招用來搞定人非常有效，在第二章有詳細的解說），而且你這麼做能引導對方從發洩轉爲傾聽，這可以放慢大腦轉動的速度，對方才有可能慢慢恢復理性思考。

③ 等待對方說：「對。」

光讓對方簡單說聲「對」，就能讓他的心態轉向同意，而不是完全充滿敵意。「對」也意謂他有不再衝動發飆的意願。要是對方有直接或間接提出指正，在他說完後，重新複述一遍他的意思給他聽。

④ 現在說：「這讓你覺得生氣／沮喪／失望／難過，還是……」

選擇你覺得最能形容對方心情的詞句，如果對方糾正你，請對方說出他的眞實感受，複述回去後，再讓他說出一個「對」。這個祕訣在於：當人把感受貼上形容詞時，就能降低激動的情緒，這一點非常關鍵。

第二階段

到了這個階段，你要面對的已經不是剛剛那個發狂胡來的人，雖然他還是處在發洩的狀態，問題已經好解決許多，但畢竟還沒完。所以你的下一個目標就是要讓他從情緒腦（哺乳類）提升到理智腦（靈長類），你要這麼做：

① 跟對方說：「你認為現在解決或是改善這個狀況如此重要的原因是＿＿＿？」

讓對方填空回答的技巧可以幫助他去思考答案，可開大門回到靈長類的理性腦，記住一個重要的訣竅：這樣說時，要強調「現在」這兩個字，讓對方知道你懂得他的需求非常要緊。

② 照亮出路

如果對方完成這個填空，回你：「因爲事情再無法改變，我就要爆炸了，我會傷害自己、傷害別人……。」你要這樣回應：「眞的……請再多說一些，我才能眞正了解。」口氣要眞誠，不要帶著質疑或是嘲諷，你要讓對方覺得你很認眞在聽他講。

然後說：「如果是這樣的話，讓我們來想想解決方法，不要讓這個糟糕的情況再雪上加霜。我們一定可以找到方法的，你以前也有過這樣的經驗，都熬過來了。既然現在有心解決，也許可以想出方法，讓你以後都不會再陷入這種情況。」

這樣說可以讓對方知道你很認眞在聽，也很重視他的問題，你接受對方的心情，願意幫助他解決眼前的危機，並且有心找方法避免重蹈覆轍。種種的努力會讓他覺得不那麼孤立，我稱此爲「上帝是我的牧羊人」引導技巧。

到了這時候，對方會視你爲救星，也相信危機會有轉機，不過最好請專業的人共同來幫忙解除危機。雖然問題離眞正解決還有十萬八千里，但是現在大家可以開始來動手解決了，因爲最糟的狀況已經過去。

為什麼人會情緒崩潰

新聞上看到的暴力幾乎都是因爲暴怒所引起的，再說明白一點，是「感到無能爲力的暴怒」所引起的。人們覺得被排擠和羞辱，但是又無力反抗，再加上缺乏自我調適能力時，就會崩潰，然後做出傷人害己的行徑。

你我都可能經歷過這種憤怒卻又無力改變的時刻，但是有暴力傾向的人和我們不太一樣，他們無法承受內心的情緒，根據科學報告指出，許多會使用暴力的人，生理結構和體內的荷爾蒙比一般人容易衝動，而且也缺乏足夠的自制力。科學家發現這些人當中有許多曾在孩童時期受過虐待，心理醫生和精神科醫生也指出他們缺少「客體穩定性」(object constancy)。

「客體穩定性」是即使你對某人感到失望、受傷害或是生氣，但是還能對他保持正面觀感的能力；但是有暴力行爲的人非常難以忍受失望，當別人讓他生氣時，他會即刻斬斷和對方之間所有的情感或是情誼。感情一切斷，他會把對方視爲物體（客體）來摧毀，就如同生氣球沒打好的人可能拿起網球拍用力砸斷一樣。

萬一身邊就有這樣的暴力人士，千萬謹記這點，你就不會犯下致命錯誤，浪費時間在爭取對方的同情（「我知道你不是眞心想傷害我」），你會知道要集中心思在對方自身的利益上面下工夫。

智慧帶著走

如果無法讓對方聽你講話，那就讓他講給自己聽。

行動藍圖

如果你也認識很衝動、很容易爆發的人，有備無患，請你一定要好好練習本章教的技巧，直到成為你的直覺反應為止。可以的話，找一個人扮演失控角色，讓你有心理準備可以面對真正暴怒的人，事先沒作好準備，在當下你會很容易就跟著自己的原始反應走，所以你也要順便熟練原則１的「從咒罵到說ＯＫ」的練習。

狀況⑥

打動你自己

別找毛病，要找解決之道。

——亨利．福特（Henry Ford），發明家

【場景】每年我都會設定新年新志向，只是打從心底知道自己不可能完成；我決心要每天運動；決心在孩子吵鬧時，不要當失控媽；也決心重拾書本回學校讀MBA。鏡中那個臃腫的自己讓我討厭，事業達不到目標和當不成好父母都讓我內心充滿愧疚。工作和生活太忙，讓我只能看著每年的志向宣告跳票，要完成目標和計畫真的好難，有什麼好建議可以幫助我嗎？

當然可以。先來碟開味小菜，首先把同理心震撼教育用在自己身上。如果不懂這點的必要性，先想像你對自己最好的朋友這樣說：「你知道的，我眞的很愛你……但是你的身材的確不夠好，看看你的蝴蝶袖，實在噁心！你上次運動是多久前的事？還有幾天前你海K兒子忘記洗碗的那副嘴臉，有夠難看，跟潑婦沒兩樣。還有啊，既然我們聊到這個，那面牆上不是計畫要掛上你的MBA證書嗎？你怎麼會這樣一事無成哪！」

你會跟好朋友這樣講上頭任何一件批評嗎？當然不會，但是和自己講話時，爲何要多殘忍就多殘忍？看看你在自我評斷裡包含了多少批判：你覺得自己外表很噁心，是個潑婦，還「注定會失敗」。這樣洗腦下去的結果，猜猜會有什麼後果：你也許眞的會失敗。

想要換到成功的跑道上嗎？那一定得要換個方式。一旦你可以撥出點空時，問自己：「是什麼阻礙我，讓我無法完成夢想？達不到這個會讓我多失意？」要是你覺得很難自問自答，可以想像有人這樣滿懷關心地問你。

然後傾聽自己的答案，跟下面的答案應該會很接近：

「我想要回學校念書，但是這樣便得犧牲和孩子相處的時間，只好選擇家庭，但是又覺得這樣做對不起自己。」

「我想要成熟地處理孩子的事情，但是累了一天後很渴望好好休息一下，也需要家人的關心，但是他們的態度都很自私，所以有時我也大吼大叫起來。我這麼努力工作賺錢養家，他們只會跟我抱怨個不停，眞令我傷心。」

「晚上八點了還要提起勁運動很難，水槽裡還有滿滿的碗沒洗，女兒需要我教她做數學作業。」

「我很難過，因爲不管我完成多少事，還是會因爲有事沒做完而覺得愧疚。」

經過心裡這番對話之後，你會看見自己其實不是個失敗者，只是個努力想在有限時間內盡到太多義務，是鏡像神經元受體不滿足的凡人（如果你家的孩子正値青春期，這種情況會更嚴重）。你愛孩子、愛家庭，只好先要自己的需求讓路，所以放自己一馬吧，其實你要爲自己有做到的其他三千件事喝采，爲自己按個讚。

這個簡單的同理心震撼教育可以幫助你放下自責的心情，不去懊惱爲什麼總是對自己食言。還記得我在原則 2 切換到傾聽模式有提到要怎麼改寫你的腦袋，轉變看別人的方式嗎？這用在改變大腦對目標的看法上也成立：有時候，我們其實是用錯的理由來選擇自己的目標，然後從不質疑這些目標，例如，你一直以爲「不當醫生會讓父親失望」、「我家每個都是博士」等等。你在成長，目標卻停滯在從前，才會造成困擾。

在你分析自己的目標時，不要掉入「預期心理」的陷阱，也就是認爲「這件事非得如此（或是一定不能如此），我才會快樂或成功」。你一直責備自己沒去讀MBA，但是你非得在這時候取得MBA，人生才會快意成功嗎？可否換個方式繞個道？譬如說接下來幾年去上線上大學，一樣可以拿到學位。

也不要把「合理」跟「實際可行」搞混，合理表示事情說得通，但不一定行得通。像是你可以在元旦那天決定今年要完成MBA學位、不罵小孩、每天跑十公里……聽起來都合理，但是大概做不到。因此選擇「行得通」的目標會是比較理智的作法，然後就盡力去做。

決定好目標之後，下面的方法可以幫助你實現目標：

- **設定清楚的標的**：我都教病患寫出循序漸進的計畫表，就像是在GPS上設定路線，規劃行程，讓你可以先想像出可遵循的軌道。
- **把目標寫成文字**：明確寫出爲了成功達到目標，哪些事該做，哪些事又該停止做。白紙黑字可以強化你的決心。
- **向別人宣告你的目標**：告訴一個你看重的人，說明你想完成的改變，請對方每兩週打電話或是寫郵件給你，詢問你的進展；爲了不想讓他失望，你一定會產生強大的動力管理自己。若是這樣做之後，請記得要給對方一個「用力感謝」，也要找機會回報。

- **別讓負面人物阻擋你進步**：重新翻翻原則9對毒型人物敬而遠之，找出哪些人會削減你的決心和信心，可能的話，在努力朝目標前進時，對這些人敬而遠之。
- **要有耐心**：如果你想戒除壞習慣或是建立好習慣，要記得，新的行爲要培養成習慣需要三到四週的時間，要達到習慣成自然更是需要半年的時間，對自己要有耐心。

想要破除壞習慣，你也可以運用技巧10填空回答。譬如說你剛又對女兒發了一頓脾氣，因爲她沒洗碗，你可以用「別再來」技巧，這樣跟自己說：

① 如果事情可以重來，那我會做什麼改變？

小潔下次又沒洗碗時，我不會再對她大呼小叫，我會使用同理心震撼教育問她：「要是來福會講話，當牠很餓想吃晚餐，你卻只顧著要出門不先餵牠，你覺得牠會說什麼？」或是「爸爸工作一整天已經很累了，回到家想休息一下，放鬆個幾分鐘，卻得先幫你洗你忘了洗的碗，你覺得他會想說什麼？」（不是故意要讓孩子感到愧疚，而是要建立她的同理心）。

要是這一招仍沒效，我會試試逆反操作（技巧4），我可能會這樣對小潔說：「我知道媽媽老是罵你不作家事、不早點寫完功課或總是把衣服亂丟，我也不是個完美媽媽，今天我不想再把這些重唸一遍，我想跟你道歉一些我沒做好的地方，我覺得對不起你的地方有……」使用這一招時，應該就能激起她足夠的同理心，讓小潔更願意多做一些。

② **我會做這樣的改變，原因是：**

痛罵小潔產生不了效用，她只會更大聲頂嘴，問題沒解決，又搞壞全家的氣氛。

③ **下一次我會多努力做出改變？**（1分：不會做／5分：也許／10分：一定會執行）

10分！

④ **有誰適合提醒我要記得改變：**

老公！因為他也很氣小潔都不洗碗，討厭回到家又看到母女在吵架，每個人都心情不好，因此處理這件事對他也重要。

我在第一章就說過每個人都很不一樣，不能一招闖天下，多實驗不同的方法，看看如何打到自己的心坎裡。例如，你可以把「不可能的問題」死馬當活馬醫，跟自己這樣說：「我知道這件事情不可能解決，但是怎樣做可以化不可能爲可能？」想出一個答案後，照做！

最重要的是，一旦你開始朝目標前進，並且努力建立起好習慣，要提防第二種預期心理的陷阱。不要因爲希望落空就難過生氣，當你期待的事沒有成眞，會覺得自己很失敗、沒用。換個方式你會更海闊天空，你要懷抱希望，要投注心力去努力，但是得失心不要太重，事情不一定會照著希望走，也可能只是需要多一點時間才會實現。這樣子想之後，成功時會開心，挫折時也可以用比較客觀的角度去看，於是可以不屈不撓地邁向目標。

暫停六步驟

我們常因爲衝動的行爲而無法完成目標，有個小訣竅要教大家，是第二章提過的原則1「從咒罵到說OK」的姊妹版本，可以幫助你避免犯下阻礙你成功的錯誤，我稱這招爲「暫停六步驟」，可以幫助你擺脫和蛇及老鼠相近的那種原始腦，發揮人腦的實力，實行方法如下：

當你覺得自己正在偏離軌道時，譬如說戒菸的第六天，心裡卻一直出現跑去超商買菸的衝動，或是有個你得罪了會倒大楣的同事，但是當下卻想賞他兩巴掌時，可以趕快祭出暫停六步驟：

①**覺知身體**：

尋找身體會出現什麼反應，像是緊張、心跳加速、頭昏、想吃東西的慾望等。辨認出來後，替這些反應逐一取名，可以幫助你更容易掌控。

②**覺知情感**：

將身體的反應，用感受來形容它，像對自己說：「我很生氣」或是「我覺得人生沒有希望」，把感受形容出來可以幫助你避免發生杏仁核劫持的情況（見第二章）。

③**覺知衝動**：

告訴自己：「這個感覺讓我想＿＿＿＿。」覺察到自己的衝動可以讓你有更大的抵擋力量。

④**覺知後果**：

回答這個問題：「如果我照此衝動行事，會有什麼後果？」

⑤**覺知解答之道**：

講完這個句子：「比較好的作法會是＿＿＿＿。」

⑥**覺知好處**：

告訴自己：「如果我採取比較好的作法，好處會是＿＿＿＿。」

在你做完暫停六步驟之前，你就會知道怎麼做才會讓你做對事，避開可能會讓自己麻煩上身的衝動行事，而且會心平氣和到聽進自己的建議。

這一招用來引導孩子度過難過時刻也很好用，要從小就這樣做，養成他們安撫自己的好習慣，慢慢地就會內化成個性的一部分。孩子長大之後，會懂得如何幫助自己冷靜面對壓力，遇到事情沉著鎮定。

智慧帶著走

遇到艱難的狀況時，想像愛你、關心你的人會怎樣鼓勵你，接著就這樣告訴自己，而且要堅定地相信這些話，才不會侮辱大家願意給你的愛。

行動藍圖

如果你會習慣否定自己，很難相信自己有優點和強項，那試試這招會很有趣：請別人來為你代勞做這件事。遇到真心佩服、尊敬你的人時，你可以問對方說：「你到底是欣賞我哪一點？」對方在回答時，你要好好享受他講的話，細細品味一番，停一會後回說：「哇！真是謝謝你（停住）……那你還有欣賞我哪裡嗎？」你愈深入探索，就能獲得愈多的活力（與感謝），這樣的活力會幫助你產生更大的動力去實踐目標。

狀況⑦

六度分隔攔不住[1]

事業要成功，
重要的是人們要如何知道你、對你認識有多深，
而非你的知識多淵博、人脈多廣闊。

——艾文・米斯納（Ivan Misner），商聚人（BNI）創辦人

【場景】我在行銷部門工作，很希望可以爭取到幾個大客戶，才能保證更快升官，但是我不知道如何跟這些有錢又有名的大咖搭上線。像我這種無名小卒有辦法突破重重的人事屏障，接觸到他們嗎？

1. 六度分隔又稱為小世界現象，假設世界上所有互不相識的人，只需少數中間人就可以建立起聯繫。

行銷、業務和客戶開發都是艱難的工作，要讓陌生人買單已經很不容易，如果你需要找到的是大頭級的人物尤其困難，因爲他們周圍常有一層又一層的守門員在卡關。

光是陌生電訪或是接觸陌生客戶的技巧就需要用上一整本書來解說，沒錯，我正打算寫這樣一本書！不過在出書之前，可以先和各位分享幾個能立即上手的法寶，讓你能夠快速穿越六度分隔，與客戶零距離。

創造和大咖面對面的機會

你可以使用我原則４（不要想當個有趣的人，要對別人感興趣），也就是在史泰普執行長公開演講時，當第一個提問的人來讓他注意到我。這些有名的大人物經常會參加研討會或是座談會等，演講完大都會開放時間給聽眾發問，你可以到現場去爲自己製造機會，但前提是要問對問題。被點到可以提問時，要記得你的角色是要去爲演講人加分，所以要提出他會喜歡回答的問題，這樣做可以讓他產生鏡像神經元同理心，於是會不禁想回饋你，這時候千萬別光想著自己出風頭，而把事情搞砸了。

爲了增加成功的機會，你要多參加可能和大人物面對面的活動，像是慈善晚會、簽書會等。只要你能發揮點創意，即使是人很多的公開場合也能讓對方知道你善解他的感受，能做到這點保證可以立刻讓對方覺得你不一樣。

以我自己爲例，我曾在一個企業成長協會的年度會議上擔任演講嘉賓，會議是在加州的比佛利山莊舉行，在會議前一晚，飯店舉行雞尾酒會，讓所有的演講者有機會交誼一下。在這些演講人當中，最有名氣的要屬NBA灰熊隊老闆麥可・海斯里(Mike Heisley)，他是芝加哥的億萬富翁，名下掌理很多公司。你可以很明顯看到與會的每個人都想得到他的青睞，想跟他打招呼的人排了很長的隊伍，終於輪到我的時候，我問他：「您從您父親身上學到什麼樣的成功祕訣？」

麥可停頓了一下，不再和別人交談（看得出這讓那些人很失望），然後主動地拉了兩張椅子請我和他一起坐下來，他開始和我分享父親是如何教他在做生意時要懂得創造多贏的局面，而不要只顧自身的利益，他告訴我：「我爸對我很有信心，他深信我不用靠占人便宜就一定會成功，我不想枉費他對我的這份信心；他讓我想當一個善良的人，我想我應該做到了。」

我懂得很多領導者都有從父母親身上學到洞明世事的智慧，知道人生該怎麼走，我就遞給了麥可一個機會，讓他可以重溫對父親的孺慕之情。這種美好的感受使得他願意敞開心房，在會後仔細聆聽我想說什麼。

創造線上盟友

實體會議並不是唯一和大人物創造零距離接觸的場合，感謝網路讓我們有機會在虛擬世界邂逅這些看似高不可攀的人，你要記住的大絕招就是要讓他們知道你很了解他們的感受。

在我出了第一本書《擺脫自我慣性》之後，我突然福至心靈地想到一個好法子。那時我眞的覺得寫書就像是懷胎，你希望這本書有見地、夠吸引力，大受歡迎，但是只有上市之後才能見眞章。你也會時常想要去看看讀者有沒有任何新評語，次數多到了很誇張的程度，只因很想知道大眾的觀感。不只這樣，還會一整天都泡在部落格的貼文和討論區裡，察看別人是怎麼講你的心血結晶。偶爾出現負面批評時會讓我有些意志消沉，但是若有讀者完全領略我要表達的初衷時，那絕對是最鼓舞人的時刻了，對於這種心情，我有了第一手經驗。

就在我認識到自己這種有些自戀卻自然的不得了的行徑不久後，有位朋友寄給我一本《大觀雜誌》(*Parade*) 執行長瓦特．安德森 (Walter Anderson) 寫的書《自信課程》(*The Confidence Course*)。朋友打包票我一定會喜歡這本書，也會欣賞作者安德森，只能說朋友眞懂我，之後的故事是如何？就是我上了亞馬遜網站去看，發現竟然沒有人爲這麼棒的書留言寫心得。

捨我其誰？我決定打頭陣，我不想要只是草草地留一句「好棒，真心推薦」這樣的話，我花了時間和心思認眞地把想法分享在上頭。我告訴作者我也和他一樣，儘管兒時渴望擁有親近的父子關係，但是遺憾自己沒有這樣的福份；然後我告訴他我眞心欽佩他字裡行間都像個慈愛的父親，把讀者當成自己的孩子般細細地叮囑著。這些都是眞心話，讓安德森大受感動，於是現在我和他以朋友相稱。

不管是不是名人，幾乎所有的人都會在網路上搜尋自己，網路上可沒有層層的人事關卡阻隔在你們之間。你一定不敢相信大明星或是大企業老闆也會穿著睡衣，坐在床上用 Google 搜尋有關自己的消息，但相信我：他們個個都這樣！

打動守門員

陌生電訪很難連絡上大人物，這是一定的，因爲你要先通過層層的把關，所以你要改變策略先跟這些守門員打好關係。你要把可能會擋路的守門員變成盟友，他才會願意隨時幫你找到大咖。

要做到這樣，先要有這三點認知：

- 守門員對大人物的成就功不可沒，值得你讚美。
- 守門員有可能和大人物是物以類聚，一樣有意思，只要能看出這一點，他會很受用。
- 守門員很可能有嚴重的鏡像神經元受體不滿足的困擾，因爲保護老闆不受騷擾表示他善盡職責，但卻因而惹惱許多人，搞不好老闆也不太懂得感謝他的付出。

在了解這三點之後，你就有機會可以拿到進入大人物堡壘的門票了，像我自己就曾經打超級陌生的電話給全美最響叮噹的總裁，請看我在這短短兩分鐘之內，如何跟守門員講話（當然，人名和敏感的資訊有加以變更）：

「您好，請問是喬安嗎？」我在電話上這樣問。

「呃……你說什麼？」接電話的女子回答。

「請問您是喬安．尼爾森嗎？」我再次問道。

「您是哪位？」她說。

「請問您是不是我們聽說過的喬安．尼爾森，也就是泰德．柏克先生在他的暢銷書《領導者》書上所感謝的那位？」我繼續追問。

「沒錯，請問您是哪位？」喬安回答，有點錯愕，但是有點樂。

「我是葛斯登醫生，我是一位心理醫生，也有寫書……」我才開始說話，喬安就急著插話：「老天哪！我們這裡可需要個心理醫生！」她開始宣洩。

「放輕鬆點，喬安，深呼吸。」我以看診那種口吻安撫她。

「你自己來放輕鬆看看！你試試每天都要不停地應付一個瘋子看看。」她開始連珠炮似地說。

「喬安，沒關係的，你只需要應付一個這種人，我可是每一小時就要換不同一個應付。我希望你還有私人時間可喘息，有吧？」（我明知故問，因爲我知道爲大企業老闆工作的助理，幾乎都是把自己整個賣給老闆。）

「私人時間四個字怎麼寫呀？我連養條眞的狗的時間都沒有，只能在門口放隻陶瓷可卡狗。」

「可卡狗很好啊，很會陪小孩子玩。」我故意這樣逗她。

「想要知道牠叫什麼名字嗎？」她立刻接問，一拍都沒落掉。

「當然想囉。」我回答。

「牠的名字叫『坐下』。」這時我們兩個同時大笑出來。

我接著告訴她自己寫了一篇文章，猜想她老闆應該會喜歡，他的出版社給了我這支電話。通完電話後，我寫了一封信給柏克先生，附上我的文章，我敢保證喬安一定會仔細閱讀，內容如下：

柏克先生，您好，

等我將來有幸擠進富人之列後，第一件事就是要雇用一位像喬安這樣的好助理，滴水不漏地防止老闆受到像我這種人的打擾。她人很可親，講話風趣，但仍舊像頭鬥牛犬一樣護主。

我希望她知道自己對您來說意義非凡，也希望您不會像我一樣，老會忘記感謝身邊幫助我生活上軌道的好人，只因疲於應付其他那些老找我麻煩的人。若不幸言中，您是最該被提醒的人。

……（以下省略不錄。）

寄完信後四天，我打了通電話去確認信是否有收到。我說：「你好，又是我，葛斯登醫生，幾天前有打過電話，不知你是否還記得？」

「我當然記得你。」喬安口氣很好，還帶點俏皮的口吻。

「不知道柏克先生有沒有看到我的信？」我接著說。

「有的，馬克醫師，總裁正在度假，我們收到後就轉寄給他了，算是啦，因爲除了信之外……。」

「什麼？」我開始緊張，不自覺地就插嘴。

「嗯，我把信抽出來，在電話中讀給他聽！」她得意洋洋地告訴我。

靠一通電話和一封信，我跟喬安成了朋友，之後只要我需要找柏克總裁，她一定會想辦法幫我接進去。

你學會了吧，原本認爲遙不可及的大人物，只要會幾招門路就通；這些方法都不難（不過需要膽量），歸納起來只有三大基本要領，一、讓人覺得有趣好玩，二、讓他自覺重要，以及最重要的，三、讓他知道你懂。

爲什麼可以用三點訣闖蕩江湖？因爲在浮華、金錢、權力的光環底下，大人物和他們的親信就跟任何人一樣是個「凡人」，只要你肯花心思，一定可以打動任何人。

智慧帶著走

即使是地位極崇高的大人物，儘管很怕別人老是來糾纏，卻也渴望有人懂得用對的方式和他互動。

行動藍圖

你最敬佩、最想認識的人是誰？可以上網搜尋他會在哪裡演講，然後找門路爭取邀請函或門票去聽。對方若是有出書，那你可以利用網路書店裡的讀者書評區寫下獨到的心得。如果你自己經營部落格，可以發文在上頭，讓對方知道他是如何改變你的觀念和人生。也可以用社群和商業網絡，諸如臉書、推特、Plaxo和LinkedIn等，發表正面回應。

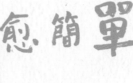

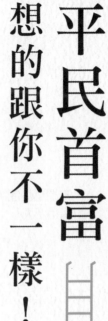

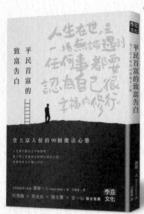

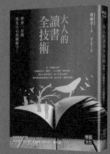

國家圖書館出版品預行編目(CIP)資料

先傾聽就能說服任何人：贏得認同、化敵為友，想打動誰就打動誰。
/馬克．葛斯登 (Mark Goulston)作；賴孟怡譯 —— 二版.
——新北市：李茲文化, 2019. 07
面；公分
譯自：Just Listen: Discover the Secret to Getting Through to Absolutely Anyone
ISBN 978-986-96595-4-3（平裝）
1. 商務傳播　2. 職場成功法
494.2　108008768

先傾聽就能說服任何人（暢銷慶祝版）
贏得認同、化敵為友，想打動誰就打動誰。

作　者：馬克．葛斯登 (Mark Goulston)
譯　者：賴孟怡
主　編：莊碧娟
編　輯：陳家仁
總 編 輯：吳玟琪

出　版：李茲文化有限公司
電　話：+(886) 2 86672245
傳　真：+(886) 2 86672243
E-Mail: contact@leeds-global.com.tw
網　站：http://www.leeds-global.com.tw/
郵寄地址：23199 新店郵局第 9-53 號信箱
P. O. Box 9-53 Sindian, Taipei County 23199 Taiwan (R. O. C.)

定　價：320 元
出版日期：2014 年 4 月 1 日 初版
2024 年 4 月 25 日 二版二刷

總 經 銷：創智文化有限公司
地　址：新北市土城區忠承路 89 號 6 樓
電　話：(02) 2268-3489
傳　真：(02) 2269-6560
網　站：www.booknews.com.tw

Change & Transform

想改變世界・先改變自己

Change & Transform

想 改 變 世 界 · 先 改 變 自 己